中　外　物　理　学　精　品　书　系

本 书 出 版 得 到 " 国 家 出 版 基 金 " 资 助

U0201552

国家出版基金项目
NATIONAL PUBLICATION FOUNDATION

中 外 物 理 学 精 品 书 系

前 沿 系 列 · 2 3

从抛物线谈起
——混沌动力学引论

（第二版）

郝柏林　著

北京大学出版社
PEKING UNIVERSITY PRESS

图书在版编目(CIP)数据

从抛物线谈起：混沌动力学引论：第 2 版/郝柏林著. —北京：北京大学出版社，2013.10

(中外物理学精品书系·前沿系列)

ISBN 978-7-301-23300-9

Ⅰ. ①从… Ⅱ. ①郝… Ⅲ. ①混沌理论–动力学 Ⅳ. ①O415.5

中国版本图书馆 CIP 数据核字（2013）第 233542 号

书　　　名：	从抛物线谈起——混沌动力学引论(第二版)
著作责任者：	郝柏林　著
责 任 编 辑：	刘　啸
标 准 书 号：	ISBN 978-7-301-23300-9/O · 0954
出 版 发 行：	北京大学出版社
地　　　址：	北京市海淀区成府路 205 号　100871
网　　　址：	http://www.pup.cn
新 浪 微 博：	@北京大学出版社
电 子 信 箱：	zpup@pup.pku.edu.cn
电　　　话：	邮购部 62752015　发行部 62750672　编辑部 62754271
	出版部 62754962
印 刷 者：	北京宏伟双华印刷有限公司
经 销 者：	新华书店
	730 毫米×980 毫米　16 开本　11.25 印张　212 千字
	2013 年 10 月第 2 版　2023 年 6 月第 4 次印刷
定　　　价：	45.00 元

序　言

物理学是研究物质、能量以及它们之间相互作用的科学。她不仅是化学、生命、材料、信息、能源和环境等相关学科的基础，同时还是许多新兴学科和交叉学科的前沿。在科技发展日新月异和国际竞争日趋激烈的今天，物理学不仅囿于基础科学和技术应用研究的范畴，而且在社会发展与人类进步的历史进程中发挥着越来越关键的作用。

我们欣喜地看到，改革开放三十多年来，随着中国政治、经济、教育、文化等领域各项事业的持续稳定发展，我国物理学取得了跨越式的进步，做出了很多为世界瞩目的研究成果。今日的中国物理正在经历一个历史上少有的黄金时代。

在我国物理学科快速发展的背景下，近年来物理学相关书籍也呈现百花齐放的良好态势，在知识传承、学术交流、人才培养等方面发挥着无可替代的作用。从另一方面看，尽管国内各出版社相继推出了一些质量很高的物理教材和图书，但系统总结物理学各门类知识和发展，深入浅出地介绍其与现代科学技术之间的渊源，并针对不同层次的读者提供有价值的教材和研究参考，仍是我国科学传播与出版界面临的一个极富挑战性的课题。

为有力推动我国物理学研究、加快相关学科的建设与发展，特别是展现近年来中国物理学者的研究水平和成果，北京大学出版社在国家出版基金的支持下推出了"中外物理学精品书系"，试图对以上难题进行大胆的尝试和探索。该书系编委会集结了数十位来自内地和香港顶尖高校及科研院所的知名专家学者。他们都是目前该领域十分活跃的专家，确保了整套丛书的权威性和前瞻性。

这套书系内容丰富，涵盖面广，可读性强，其中既有对我国传统物理学发展的梳理和总结，也有对正在蓬勃发展的物理学前沿的全面展示；既引进和介绍了世界物理学研究的发展动态，也面向国际主流领域传播中国物理的优秀专著。可以说，"中外物理学精品书系"力图完整呈现近现代世界和中国物理科学发展的全貌，是一部目前国内为数不多的兼具学术价值和阅读乐趣的经典物理丛书。

"中外物理学精品书系"另一个突出特点是，在把西方物理的精华要义"请进来"的同时，也将我国近现代物理的优秀成果"送出去"。物理学科在世界范围内的重要性不言而喻，引进和翻译世界物理的经典著作和前沿动态，可以满足当前国内物理教学和科研工作的迫切需求。另一方面，改革开放几十年来，我国的物理学研究取得了长足发展，一大批具有较高学术价值的著作相继问世。这套丛书首次将一些中国物理学者的优秀论著以英文版的形式直接推向国际相关研究的主流领域，使世界对中国物理学的过去和现状有更多的深入了解，不仅充分展示出中国物理学研究和积累的"硬实力"，也向世界主动传播我国科技文化领域不断创新的"软实力"，对全面提升中国科学、教育和文化领域的国际形象起到重要的促进作用。

值得一提的是，"中外物理学精品书系"还对中国近现代物理学科的经典著作进行了全面收录。20 世纪以来，中国物理界诞生了很多经典作品，但当时大都分散出版，如今很多代表性的作品已经淹没在浩瀚的图书海洋中，读者们对这些论著也都是"只闻其声，未见其真"。该书系的编者们在这方面下了很大工夫，对中国物理学科不同时期、不同分支的经典著作进行了系统的整理和收录。这项工作具有非常重要的学术意义和社会价值，不仅可以很好地保护和传承我国物理学的经典文献，充分发挥其应有的传世育人的作用，更能使广大物理学人和青年学子切身体会我国物理学研究的发展脉络和优良传统，真正领悟到老一辈科学家严谨求实、追求卓越、博大精深的治学之美。

温家宝总理在 2006 年中国科学技术大会上指出，"加强基础研究是提升国家创新能力、积累智力资本的重要途径，是我国跻身世界科技强国的必要条件"。中国的发展在于创新，而基础研究正是一切创新的根本和源泉。我相信，这套"中外物理学精品书系"的出版，不仅可以使所有热爱和研究物理学的人们从中获取思维的启迪、智力的挑战和阅读的乐趣，也将进一步推动其他相关基础科学更好更快地发展，为我国今后的科技创新和社会进步做出应有的贡献。

"中外物理学精品书系"编委会　主任

中国科学院院士，北京大学教授

王恩哥

2010 年 5 月于燕园

内 容 简 介

　　混沌现象普遍存在于自然界和数学模型中. 这是确定论系统在没有外来随机因素时表现出的随机行为. 混沌有着丰富的内在结构, 而不是简单的无序. 当存在耗散时, 高维动力系统的长时间行为会集中到相空间中低维甚至一维的对象上. 因而, 研究一维线段上的抛物线映射成为进入耗散系统混沌动力学的捷径. 抛物线映射这个简单 "可解" 模型所蕴涵的丰富内容, 可以导致统计物理和非线性科学中许多深刻的概念, 例如周期和混沌吸引子、标度律和临界指数、李雅普诺夫指数和熵、分形分维和重正化群等等. 分析抛物线映射的基本行为, 只需要理工科大学低年级的微积分知识, 但是要求读者养成自己推导公式和上计算机实践的习惯.

　　本书可以作为理工科大学本科生、研究生和青年教师扩展知识的读物和教学研究参考.

再 版 前 言

20 世纪 90 年代，笔者和郑伟谋、吴智仁共同主编了一套 "非线性科学丛书"，由上海科技教育出版社出版. 该丛书共计 30 种，均由工作在前沿的学者执笔，对于促进国内非线性科学发展起了一定作用. 进入 21 世纪以来，由于学科发展和作者们的研究兴趣均有很大变化，整套丛书修订再版已经不甚可行. 经与原出版社商定，由作者们自行决定各册前途. 本书作者接受北京大学出版社将《从抛物线谈起——混沌动力学引论》纳入 "中外物理学精品书系" 的建议，对原书进行了修订.

这一版最主要的修订是增加了多峰映射周期数目的讨论和一维映射周期轨道同纽结理论的联系. 前者在本书初版定稿之后才得以完全解决，后者则只提出了可以继续深入探讨的问题. 修订版新增的一章主要就是为了包容这些内容. 此外，还增加了一节，来介绍符号序列与语法复杂性的关系.

国家的 "攀登计划" 和后来的 "973 计划" 中的 "非线性科学" 大项目，对于我们的研究工作给予了持续的支持. 特别是进入 21 世纪以来，作为 "来自动力学和生物学的符号序列的复杂性" 子课题的成员，我们的研究工作一直深入到理论生命科学领域. 这种不 "以题限文" 的支持，对于基础研究工作者以好奇和兴趣为主导，大胆闯入新领域，是极为重要的边界条件.

英文刊物《理论物理通讯》编辑部的程希有同志对笔者在使用中文 LATEX 方面给予了指导. 北京大学出版社的陈小红女士在修订再版过程中给予了耐心支持. 作者在此一并表示感谢.

郝柏林

2012 年 11 月 11 日

于复旦大学理论生命科学研究中心

初 版 前 言

对混沌现象的认识，是非线性科学最重要的成就之一. 1975 年，"混沌"作为一个新的科学名词出现在文献中. 混沌动力学迅速发展成为有丰富内容的研究领域. 1991 年出版的《混沌文献总目》(见本书末尾所列出的参考文献 [1]) 列举了 269 本有关书名和 7157 篇文章题目. 混沌动力学的许多概念和方法，诸如奇怪吸引子、相空间重构和符号动力学，正在被应用到自然科学和工程技术的许多门类中. 同时，"混沌"一词也引发了不少望文生义、牵强附会的赝科学议论. 有必要提倡用严肃实验、积累数据、严格推导、认真分析的科学方法，来探讨混沌行为.

所幸的是，混沌动力学的许多内容，只要运用初等的数学工具和简单而具有实际意义的模型，即可进行深入的分析研究. 特别是对于包含耗散的非线性系统，一维线段的迭代 (也叫做"映射") 起着重要的启发作用. 为了从更普遍的背景下来说明这种重要作用，我们先回顾一下数理科学对自然界的描述体系.

自然界只有一个，自然现象遵循着不依赖于人类意志的客观规律. 然而，数理科学中却有着两套反映这些规律的体系：确定论描述和概率论描述. 这两套描述体系的发展历程中，各有一个典型的问题对于新的概念和方法起着试金石的作用.

确定论的试金石是天体力学，特别是可以严格求解的二体问题，从开普勒的行星运动三定律，到牛顿力学的三定律，到狭义和广义相对论关于水星近日点进动和光线在太阳附近偏转的解释，到氢原子光谱乃至两条谱线间距因辐射修正而导致的细微移动，贯穿了经典力学、相对论、量子力学和量子场论的发展史. 这一发展过程的各个阶段，构成现代数理科学的坚实知识基础.

概率论的试金石是布朗运动. 1827 年植物学家布朗在显微镜下观察到悬浮在液体中的花粉颗粒的无规运动，曾经以为是看到了生命运动的基本形态. 1905 年爱因斯坦引用随机过程概念，成功地预言了布朗运动的基本特性，随后被皮兰的实验证实. 这就引出了朗之万方程、福克–普朗克方程、维纳的连续积分表示、昂萨格泛函，乃至涨落场论等一系列发展. 它们同样是深入研究大自然、特别是研究复杂系统行为的必要知识基础[①].

这两套描述体系的发展有着诸多并行之处，同时，在认识论基础上有着深刻的对立. 世界究竟是偶然的，还是必然的？围绕这一哲学命题的争论，同样牵动着自

---

① 希望进一步了解概率论描述发展过程的读者，可以参阅笔者的综述文章《布朗运动理论一百年》. 该文收录于香山科学会议主编的《科学前沿与未来》的第十集 ——《相对论物理学 100 年的发展与展望》(中国环境科学出版社，2006) 中的 1–17 页. 此文后来转载于《物理》杂志 2011 年第 40 卷第 1 期，1–7 页.

然科学家的思绪. 自牛顿以来的科学传统, 比较推崇确定论描述, 而把概率论描述作为 "不得已而为之" 的补充. 然而, 把概率论还原为确定论, 从力学推导统计的尝试始终未能成功. 同时, 愈是深入到物质运动的高级和复杂的形态, 就愈离不开概率论描述, 必须不断求助基于知识 "不完备性" 的统计方法. 至少从审美观点看, 这也是现代自然科学体系的一种缺陷.

混沌动力学的发展, 正在缩小这两个对立描述体系之间的鸿沟. 某些完全确定论的系统, 不外加任何随机因素就可能出现与布朗运动不能区分的行为 —— "失之毫厘, 差之千里" 的对初值细微变化的敏感依赖性, 使得确定论系统的长时间行为必须借助概率论方法描述. 这就是混沌. 耗散系统的混沌理论, 也有自己的试金石, 这就是一维线段的映射. 最简单的非线性关系, 即抛物线函数, 可导致内容极其丰富的典型一维映射.

数理科学中的许多一维模型, 往往因为过于特殊而用途甚窄. 抛物线映射则是幸运的例外. 它足够简单, 使得数值计算很省时间, 又可能做深入的解析研究, 而所得结论常常具有普遍意义, 可以用到高维的耗散系统. 钻研抛物线映射, 有助于培养扎扎实实的学习和研究作风, 即进行数值实验, 从观察中提出问题, 同时进行认真的分析, 得出结论, 再推广到更普遍的情形. 本书将以抛物线映射为实例, 多次通过这种分析, 向读者介绍混沌动力学的许多基本概念和方法. 阅读本书要求具备理工科大学本科的数学知识, 并且最好培养出自己动手推导和上计算机试算的习惯.

本书中还反映了一批我们自己的研究结果. 这些工作曾得到中国科学院数理学部 (1983–1985), 国家自然科学基金 (1986–1991), 和中国科学院开放实验室计划 (1986–1991) 的支持. 美国 Sun Microsystems 公司赠送了 Sun 3/260C 工作站, Wolfram Research 公司赠送了 Mathematica 软件. 书中许多图形和实例就是用它们作出的. 作者对上述单位表示感谢. 作者的研究工作受益于同众多同行的交流与讨论, 这里无法一一列举, 只能特别感谢郑伟谋和张淑誉的多年合作、讨论与支持. 郑伟谋和陈式刚仔细阅读了书稿, 提出了许多宝贵意见, 作者在此特别致谢.

郝柏林

1992 年 4 月 30 日

于北京中关村

目 录

第 1 章　最简单的非线性模型

在这一章里, 我们要从抛物线出发, 构造一个最简单的非线性动力学模型. 它的实际意义和丰富内容, 将远远超过人们初次看到它时的想象. 事实上, 本书主旨就是介绍研究这个简单模型所得到的结果和启示. 勤于思考的读者一定会发现不少尚未解决的问题, 并且继续去探索和创造. 我们在前言里已经说过, 研究这个简单模型所得到的结论, 有助于理解更复杂、更实际的高维模型. 善于抓住简单模型, 提出深刻问题, 进行彻底分析, 得出寓于特殊事例中的普遍性规律, 可以很好地锻炼从事科学研究的能力.

§1.1　什么是非线性

开宗明义, 我们就从什么是非线性讲起.

"线性" 和 "非线性", 首先用于区分函数 $y = f(x)$ 对自变量 x 的依赖关系. 函数

$$y = ax + b \tag{1.1}$$

对自变量 x 的依赖关系是一次多项式, 在 (x,y) 平面中的图像是一条直线 (见图 1.1), 我们就说 "y 是 x 的线性函数". 其他一切高于一次的多项式函数关系, 都是非线性的.

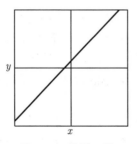

图 1.1　线性函数

最简单的非线性函数是抛物线,

$$y = ax^2 + bx + c. \tag{1.2}$$

在函数关系 (1.1) 和 (1.2) 中, a, b, c 等是参量. 各个参量并不同样重要. 在线性关系 (1.1) 中, 参量 b 是次要的, 可以靠移动坐标原点而改变, 甚至取成零, 而

参量 a 是重要的, $a > 0$ 或 $a < 0$ 使直线上升或下降, $a = 0$ 使 y 退化成常数. 其实, 对于抛物线 (1.2), 也只有一个参量 a 有实质意义: $a > 0$ 时, 它是具有一个最小值而两端伸向正无穷的抛物线 (图 1.2(a)); $a < 0$ 时, 它是具有一个最大值而两端落到负无穷的抛物线 (图 1.2(b)); $a = 0$ 则使它退化成为线性函数. 对于多项式类型的函数关系, 变量最高幂次项的系数一定是最重要的. 对于更一般的, 甚至含有微分、积分等运算的关系式, 用多少个参量才可以恰到好处地反映出一切性质不同的行为, 这并不是一个平庸的问题. 对于用一维映射描述的动力学过程, 我们将借助符号动力学的概念回答这个问题 (§2.6).

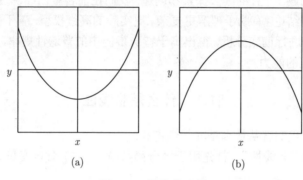

(a)   (b)

图 1.2   抛物线函数

为了简化书写, 我们通常用一个字母 μ 来代表所有参量的集合, 把一般的函数关系写成

$$y = f(\mu, x).$$

定性地说, 线性关系只有一种, 而非线性关系千变万化, 无法穷举. 每个具体的非线性关系刻画一种独特的行为. 然而, 各种非线性关系还可能具有某些不同于线性关系的共性. 正是这些共性, 才导致了统一的非线性科学. 为了认识共性, 往往可以先透彻地研究一两个最简单的特例. 这就是我们集中考虑抛物线 (1.2) 的原因.

我们先试着用普通的语言, 讨论一下非线性的意义.

首先, 线性是简单的比例关系, 而非线性是对这种简单关系的偏离. 当 $b = 0$ 时, 图 1.1 所表示的是"水涨船高"、"多多益善"的正比例关系. 一般说来, 线性关系只在自变量的一定范围内成立, 不可推得太远. 自变量太大时, 就有可能出现其他行为. 一种可能性是"过犹不及", 如图 1.2(b) 所示, x 超过一定限度后, 其效果反倒同较小的某个 x 相同.

然而, 对线性关系的小小的局部的偏离并不导致抛物线, 而是更接近一条三次曲线 (图 1.3). 在传统的数理科学中早已发展了许多计入小小修正的微扰 (或称摄动) 方法. 它们并不属于非线性科学的范畴. 非线性科学处理对线性的实质性的大的偏离. 这时图 1.3 可能变成图 1.4 那样. 它像是由图 1.2(a) 和 (b) 的两种情况拼合而成. 事实上, 对于这两种抛物线的分析, 果真有助于理解图 1.4 所示的 "一波三折" 的局面.

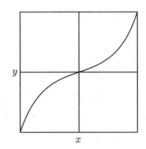

图 1.3 "弱"的立方函数可以描述对线性的小偏离

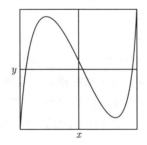

图 1.4 对线性的大偏离: "一波三折"

其次, 线性关系是互不干涉的独立贡献, 而非线性则是相互作用. 如果 x 代表某种昆虫数目, 虫子们为争夺食物而捉对咬斗, 其可能的组合就有 $x(1-x)/2$ 种, 这又是一个抛物线关系. 非线性相互作用使得整体不再简单地等于局部之和, 而可能出现不同于 "线性叠加" 的增益或亏损. 非线性系统的每个局部都在某种意义下 "优化", 也不一定导致整体优化.

最后, 对于理解混沌动力学有极重要意义的一条, 线性关系保持信号的频率成分不变, 而非线性使频率结构发生变化. 为了解释这一条, 最好把 x 和 y 都看成时间 t 的函数, 讨论它们对 t 的依赖性. 让我们省略掉非实质性的参量, 写出直线

$$y(t) = ax(t) \tag{1.3}$$

或抛物线

$$y(t) = a[x(t)]^2. \tag{1.4}$$

设 x 是时间 t 的周期函数, 例如

$$x(t) = \cos(\omega t),$$

则线性关系 (1.3) 所决定的 $y(t)$ 也只含有同样的频率 ω. 然而, 抛物线 (1.4) 就不同了. 由熟知的三角函数关系, 得到

$$y(t) = a[\cos(\omega t)]^2 = \frac{a}{2} + \frac{a}{2}\cos(2\omega t),$$

出现了频率为零的 "直流项" 和频率为 2ω 的 "倍频项".

一般说来, 许多物理系统都可以看成一个 "黑盒子". 人们输入具有一定频率成分的信号, 测量输出信号的频率构成. 如果输出信号和输入信号的频率成分相同, 只是强弱有所改变, 则黑盒子里面是一个线性系统.

如果输入信号含有两种频率 ω_1 和 ω_2, 而输出频率有 $0, 2\omega_1, 2\omega_2, \omega_1 \pm \omega_2$ 甚至 $n\omega_1 \pm m\omega_2$ (这里 n 和 m 是整数) 等各种成分, 则盒子里是一个非线性系统[①]. 然而, 这种非线性系统可能在传统数理科学分支的非线性篇章中已经研究得相当清楚, 而不一定是现代非线性科学的对象. 这是因为, 只要存在着任意小的非线性, 就会出现和频、差频、倍频等种种成分. 换言之, 这些频率成分不是非线性强到一定程度, 即参量达到某个临界值时才突然出现的阈值现象, 它们可以用简单的三角函数关系加以解释. 相反, 如果当非线性超过一定阈值时, 输出信号中突然冒出了某种分频成分, 例如二分频 $\omega/2$, 甚至三分频 $\omega/3$, 则黑盒子中就不再是一个平常的非线性系统. 研究这样的系统, 就很可能必须借助本书中将逐步讲述的概念和方法.

§1.2   非线性演化方程

§1.1 里所列举的线性和非线性函数, 都只表示静态的依赖关系, 并没有反映动力学行为和演化过程. 在科学和技术实践中, 往往要考察一个系统的状态如何随时间变化. 这时, 系统的状态用一组变量 $x, y, z, \cdots$ 描述, 它们都是时间 t 的函数. 同一个系统还受某些可以调节的 "控制参量" $a, b, c, \cdots$ 的影响.

最简单的情形, 是固定一组参量, 把时间变化限制成等间隔的

$$t, t + 1, t + 2, \cdots,$$

看下一个时刻的系统状态如何依赖于当前状态. 在只有一个变量 x 时, 这个演化过程可能由一个非线性函数描述:

$$x(t + 1) = f(\mu, x(t)), \tag{1.5}$$

---

① 也可能是所谓 "参量驱动" 的线性系统, 这里不细究.

其中 μ 代表所有控制参量的集合. 更一般些, 时间跳跃的间隔 (或者说, 对系统进行观测的采样间隔)δt 可以不是整数. 把各个时刻写成 t_0, t_1, t_2, $\cdots$, 而相应状态记为 x_0, x_1, x_2, $\cdots$, 其中

$$x_n \equiv x(t_n), \quad t_n = t_0 + n\delta t, \tag{1.6}$$

于是, 演化方程 (1.5) 成为

$$x_{n+1} = f(\mu, x_n). \tag{1.7}$$

这是一个离散化的时间演化方程, 是一个一阶差分方程. 我们写下方程 (1.5) 或 (1.7) 时, 已经做了一些重要的假定:

第一个假定, 下一时刻的状态只决定于当前时刻的状态, 而不依赖于过去时刻的状态. 例如, 我们没有把方程写成二阶差分方程

$$x_{n+1} = f(\mu, x_n, x_{n-1}). \tag{1.8}$$

不过, 这一个假定并非实质性的. 我们总可以引入新的变量 $y_n \equiv x_{n-1}$, 把它写成含两个变量的一阶联立方程组

$$x_{n+1} = f(\mu, x_n, y_n), \quad y_{n+1} = x_n. \tag{1.9}$$

方程 (1.8) 反映的是一种记忆效应. 我们看到, 对于有限个过去时刻的记忆, 在形式上并不带来严重困难. 然而, 高维差分方程组 (1.9) 确实包含更丰富的内容. 有兴趣的读者可以参阅综述文章 [14].

第二个假定, 方程 (1.5) 的右端没有明显地依赖于时间, 即没有写成

$$x(t+1) = f(\mu, x(t), t)$$

的形式. 因此, 从方程 (1.5) 到 (1.9) 描述的是不受外界影响的自我演化过程. 这些方程称为自治的差分方程.

非自治的演化方程也是经常见到的. 例如, 一个处于周期性外场中的系统, 其演化方程中含有外场项

$$x(t+1) = f(\mu, x(t)) + A\cos(\omega t).$$

外场的周期 $T = 2\pi/\omega$, 带来一个新的特征时间. 它同原来的时间间隔 1 或隐含在方程 (1.7) 中的采样间隔 Δt, 形成相互竞争的一对特征量. 这类方程描述有竞争周期或竞争频率的系统. 它们表现出一些新的物理行为, 如共振、锁频等等. 由于周期长短或频率高低都是相对而言的, 它们只带来一个新的控制参量, 即两个周期的比值.

一类重要的非自治系统是受到随机外力影响的系统. 随机因素可能以相加或相乘的形式进入方程, 也可能进入参量或初始条件. 由方程 (1.7) 出发, 一种可能的演化方程是

$$x_{n+1} = f(\mu, x_n) + \sigma\xi_n, \tag{1.10}$$

其中 ξ_n 为遵从某种已知分布的随机数, 它代表外部扰动或外噪声. 严格说来, 混沌现象是不含外加随机因素的完全确定性的系统所表现出的内禀随机行为. 因此, 像 (1.10) 这样的方程不是混沌动力学的主要研究对象. 然而, 混沌经常披着噪声外衣, 实际系统中的混沌运动往往与外噪声同时出现. 对混沌的较为完全的描述, 必须计入外噪声的影响. 因此, 我们将在 §3.6 回到 (1.10) 这类方程.

上面讲的都是离散时间的演化方程, 下一个时刻的状态由当前的状态决定. 当时间连续变化时, 最重要的一类演化过程是状态的变化速率由当前状态决定. 这就导致了描述时间演化的微分方程. 例如, x, y, z 三个变量的变化速率由以下三个方程决定:

$$\frac{\mathrm{d}x}{\mathrm{d}t} = \sigma(y - x),$$

$$\frac{\mathrm{d}y}{\mathrm{d}t} = rx - xz - y, \tag{1.11}$$

$$\frac{\mathrm{d}z}{\mathrm{d}t} = xy - bz,$$

其中 σ, r, b 是控制参量. 方程 (1.11) 就是在混沌动力学历史上起过重要作用的洛伦茨方程[2]. 它来自大气热对流问题, 并且给出过第一个奇怪吸引子的实例. 方程 (1.11) 的右端没有显含时间, 因而是一个自治的常微分方程组.

最简单的非自治微分方程组是周期外力作用下的平面微分系统. 从混沌动力学角度研究得较为细致的系统之一, 是周期驱动的 "布鲁塞尔振子"[3]:

$$\frac{\mathrm{d}x}{\mathrm{d}t} = A - (B+1)x + x^2 y + \alpha\cos\omega t,$$

$$\frac{\mathrm{d}y}{\mathrm{d}t} = Bx - x^2 y, \tag{1.12}$$

其中状态变量 x 和 y 代表某种化学反应中间产物的浓度, 而 A 和 B 是在反应过程中保持恒定值的某些组分浓度, 起着控制参量的作用. 外力的强度 σ 和频率 ω 也是控制参量.

非自治的微分方程组可以通过增加变量而变换成自治方程组. 例如, (1.12) 式可以靠增加两个新变量 u 和 v 写成自治形式:

$$\frac{\mathrm{d}x}{\mathrm{d}t} = A - (B+1)x + x^2y + \alpha u,$$

$$\frac{\mathrm{d}y}{\mathrm{d}t} = Bx - x^2y,$$

$$\frac{\mathrm{d}u}{\mathrm{d}t} = \omega v, \tag{1.13}$$

$$\frac{\mathrm{d}v}{\mathrm{d}t} = -\omega u,$$

只要取定初始条件

$$u(0) = 1, \quad v(0) = 0,$$

微分方程组 (1.12) 和 (1.13) 两种写法就完全等价.

微分方程组 (1.11) 到 (1.13) 不是本书的讨论对象. 由于耗散的存在, 系统的长时间行为往往具有低维的特性, 一维和二维映射的知识已经成功地用于研究自治的洛伦茨方程[4] 和周期驱动的布鲁塞尔振子[5].

微分方程也可能包含记忆效应. 研究光学双稳器件时会遇到差分微分方程

$$\frac{\mathrm{d}x(t)}{\mathrm{d}t} + x(t) = f(\mu, x(t-T)), \tag{1.14}$$

其中 $f(\mu, x)$ 是一个非线性函数, 而新参量 T 给出时间延迟. 延迟微分方程 (1.14) 不能借助引入新变量而简单地变成高阶的常微分方程组. 它的行为也更为复杂, 多年来仍是人们研究的问题. 但在某种极限下, 方程 (1.14) 也与一维映射有关.

迄今所述, 都是单纯描述时间行为的演化模型, 它们只适用于空间均匀的情形. 例如, 在不断搅拌的反应容器里, 可以认为每一时刻各处反应物质浓度相同而且同步变化. 进一步考虑空间的不均匀性, 就要引入变量在空间每点的变化速率, 导致用偏微分方程描述的各种模型. 非线性演化方程的研究, 是应用数学和非线性科学中硕果累累的篇章, 有许多专著论述. 我们还是回到最简单的抛物线模型.

不过, 在转向这个模型之前, 我们先概括一下时间演化问题的基本要素. 描述系统状态的各个变量, 张成状态空间, 或称相空间. 这里 "相空间" 一词的用法与理论力学中的传统定义略有不同. 力学中的相空间由成对的广义坐标和广义动量支成, 因此总是偶数维的. 在非线性动力学中, 一般不再区分坐标和动量, 而对各个状态变量一视同仁. 因此, 相空间的维数可偶可奇. 方程组 (1.11) 具有三维相空间, 而 (1.13) 的相空间形式上是四维的. 许多重要的演化方程有无穷多维的相空间.

各个控制参量张成参量空间. 其实, 状态变量和控制参量的划分也是相对的. 通常把那些变化很慢、在一次观测过程中保持不变, 但又可在一定范围内调整的量, 取为控制参量. 如果一个参量本身在观察过程中发生显著变化, 那就只好把它归入状态变量. 可以形象地说, 在多变量系统中, 快变量受到慢变量控制.

状态变量在不断相互作用中发展, 形成演化过程. 在参量空间中固定一点, 即固定一组参量值, 再在状态空间中给定一个初始点, 然后考察系统的演化, 看最终归宿如何, 并且对这种极限状态进行分类和刻画. 往往参量空间的某些区域对应同一类、定性行为相同的极限状态. 系统跨越参量空间的区域边界时, 行为发生突变. 许多本质极为不同的系统, 在突变点附近表现出深刻的相似性. 趋向极限状态的过渡过程, 往往有更丰富的内容, 而且在实践中不易与最终的定常状态区分. 这些都是非线性动力学要研究的问题.

如果试图用数值计算回答这些问题, 工作量极其巨大. 即使参量不变, 不同的初始状态也可能导致不一样的极限状态: 多种极限行为可能共存. 我们在第 7 章里还会看到, 只靠计算相空间里的"轨道", 有时根本得不到正确的极限行为. 为了确切刻画极限状态, 往往要在相空间每一点考察动力学本身的小偏离, 即引入维数与相空间相同的"切空间". 这样, 我们要研究的问题涉及

相空间 ⊗ 初值空间 ⊗ 切空间 ⊗ 参量空间

即使只有三个变量和两个独立参量, 这也是在 11 维空间中搜索. 使用当今最强大的超级计算机, 也难以正面强攻. 为了掌握研究动力学问题的更巧妙的方法, 我们回到尽可能简单的情形, 要求:

(1) 一维的相空间;

(2) 一个参量;

(3) 离散的时间跳跃;

(4) 最简单的非线性函数.

这就是下面要讨论的抛物线模型.

§1.3   虫口变化的抛物线模型

我们来探讨一个简单的生态学问题: 构造一种昆虫数目即"虫口"变化的数学模型.

假定有一种昆虫, 每年夏季成虫产卵后全部死亡, 第二年春天虫卵孵化为成虫. 设第 n 年的虫口数目为 x_n. 我们不去区分雌雄, 设每只成虫产卵 a 个, 每个虫卵都孵化为成虫. 这样的过程年复一年地重复下去, 一般规律可以写成

$$x_{n+1} = ax_n. \tag{1.15}$$

这是一个线性差分方程. 求解线性常微分方程时, 可用一般解 $x = Ae^{\lambda t}$ 代入. 这里可以试用 $x_n = A\lambda^n$. 容易求得

$$x_n = x_0 a^n, \tag{1.16}$$

其中 x_0 是起始年度的虫口数目. 我们看到, 只要 $a > 1$, 即每只虫子平均产卵数多于 1 个, 虫口数目就会按指数上升. 用不了许多年, 整个地球就会"虫满为患". 相反, 如果 $a < 1$, 则这种昆虫就会在若干年后灭绝, 成为物竞天择的失败者.

这当然是一个过分简化的虫口模型. 然而, 马尔萨斯的人口论就基于这样的模型: "人口在不加控制时, 每 25 年翻一番, 即按照几何比例增长." 这就相当于在 (1.16) 式中取 $a = 2$, 而 (1.6) 式中的采样间隔 $\delta t = 25$ 年.

为了把这个模型修正得更符合实际一些, 让我们想一下走向 "虫满为患" 的过程中, 会发生什么事情:

(1) 食物和空间有限, 虫子们会为争夺生存条件而咬斗.

(2) 虫子数目多了, 传染病会因为接触增加而蔓延.

这里还完全没有考虑虫口增加有利于天敌繁殖的多物种竞争问题. 咬斗和接触, 都是发生在两只虫子之间的事件. 我们知道, x_n 只虫子配对事件总数是 $\frac{1}{2}x_n(x_n - 1)$, 当 $x_n \gg 1$ 时, 这里重要的是 x_n^2. 上面两类事件都造成减员, 即对下一代虫口数作出负贡献. 因此, 修正后的虫口方程是

$$x_{n+1} = ax_n - bx_n^2. \tag{1.17}$$

这是一个非线性的差分方程. 除了一些特殊的参量值以外, 它的解可不那么容易写出来. 于是, 人们不得不靠计算机来进行数值研究. 然而, 许多事情单靠数值结果是说不清楚的. 我们将要介绍一些不用计算机而进行彻底严格分析的方法, 这就是本书 §2.6 将稍做介绍的符号动力学方法.

我们也可以说, 非线性差分方程 (1.17) 就是反复套用抛物线的函数关系

$$y = ax - bx^2,$$

把每次所得函数值作为下一次的自变量. 这是一个 "迭代" 过程. 这个抛物线函数的迭代, 将展示出丰富多彩的内容. 本书只试图描述它的一部分奥妙. 虫口方程 (1.17) 是通向混沌动力学主峰的崎岖道路的起点. 这条道路的最初几步, 并不难跨越.

应当指出, 方程 (1.17) 并不只是一个描述虫口变化的模型. 它同时考虑了鼓励和抑制两种因素, 反映出 "过犹不及" 的效应, 因而具有更普遍的意义和用途.

适当地重新定义一下变量和参量, 可以把 (1.17) 式写成其他的等价形式. 常见的标准写法有:

$$x_{n+1} = \nu x_n(1 - x_n), \;\; \nu \in (0, 4), \;\; x_n \in [0, 1]; \tag{1.18}$$

或者

$$x_{n+1} = 1 - \mu x_n^2, \;\; \mu \in (0, 2), \;\; x_n \in [-1, 1]; \tag{1.19}$$

或者

$$x_{n+1} = \mu - x_n^2, \;\; \mu \in (0, 2), \;\; x_n \in [-\mu, \mu]. \tag{1.20}$$

后两种写法的参量相同, 只是变量区间不同. 第一种写法, 只在参量很小时有点细致差别, 我们以后还会提到. 本书主要采用后面两种形式, 并把它们通称为**抛物线映射**.

"映射"这个数学名词我们已经使用过几次, 这里再稍加解释. 如果 x_n 属于一定线段 I, 非线性变换 f(它可能含有参量 μ) 把 x_n 变换 (映射) 成线段 I 中的某个点 x_{n+1}:

$$x_{n+1} = f(\mu, x_n), \quad x_n, x_{n+1} \in I.$$

数学中的记法是

$$f_\mu : I \to I.$$

一般说来, 即使 x_n 遍取 I 上所有可能的值, x_{n+1} 也只能达到 I 内的一部分点. 这称为线段的**内映射**(injective mapping). 只有对于极特殊的参量值, 例如, (1.19) 式中取 $\mu = 2$, 则 x_{n+1} 可能充满整个线段 $I = [-1, 1]$. 这称为线段的**满映射**(surjective mapping). 满映射对于理解混沌运动有特殊作用, 我们在第 6 章里再详细介绍.

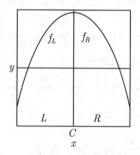

图 1.5　抛物线映射的单调支

对于混沌动力学的许多性质, 轨道点 x_n 的具体数值并不重要. 对于抛物线映射, 最重要的事实是: 第一, 映射函数 f 只在一点 C 达到极大值 (见图 1.5), C 点称为映射的临界点, 或线段 I 的中心点. 第二, C 点把线段 I 分成左右两半, 分别以字母 L 和 R 代表. 任何小于 C 的点都用字母 L 表示. 在 L 线段上函数 f 是单调上升的, 有时记为 f_L. 任何大于 C 的点用字母 R 表示, 在 R 线段上函数 f 是单调下降的, 有时记为 f_R. 我们以后要用这些字母来描述映射导致的动力学, 希望读者逐渐习惯这些记法.

§1.4　其他简单映射举例

我们称抛物线映射为最简单的非线性动力学模型, 是指映射函数 $f(\mu, x)$ 为光滑可微分的情形. 如果放弃这种要求, 那还有更简单的模型, 即分段线性的映射,也就是用几段直线拼接成的映射函数. 分段线性函数在描述非线性过程时有特殊的功用, 因为许多推导和运算都可以解析地进行到底.

最接近抛物线映射的分段线性映射是

$$x_{n+1} = \begin{cases} 1 + \mu x_n, & x_n \leqslant 0, \\ 1 - \mu x_n, & x_n > 0. \end{cases} \tag{1.21}$$

见图 1.6.

根据它的图形, 这个映射被称为人字映射或帐篷映射. 我们可以通过引入一个符号函数

$$\epsilon_n \equiv -\mathrm{sgn}(x_n) = \begin{cases} 1, & x_n \leqslant 0, \\ -1, & x_n > 0, \end{cases} \tag{1.22}$$

把人字映射写成

$$x_{n+1} = 1 + \mu \epsilon_n x_n. \tag{1.23}$$

ϵ_n 和 x_n 取相反的正负号, 今后会更方便.

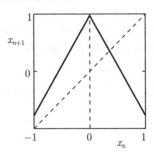

图 1.6　人字映射 (又称帐篷映射)

抛物线映射和人字映射的函数都是连续的, 其左半单调上升、右半单调下降的性质也是相同的. 有些动力学行为只依赖于连续、上升、下降这类"拓扑"性质, 而与映射函数的具体形状无关. 这些共同性质称为**拓扑普适性**或**结构普适性**, 具有相同的普适性质的映射组成**拓扑普适类**. 抛物线映射和人字映射属于同一个拓扑普适类.

设有线段 I 的映射

$$x_{n+1} = f(x_n), \quad x \in I,$$

和线段 J 的映射

$$y_{n+1} = g(y_n), \quad y \in J,$$

而线段 I 和 J 可以借助一个连续、可逆的函数 h 互相变换, 即

$$y = h(x),$$
$$x = h^{-1}(y),$$
$$x \in I,\ y \in J,$$

这时，若映射 f 和 g 的关系是

$$g(y) = h(f(h^{-1}(y))),$$
$$f(x) = h^{-1}(g(h(x))), \tag{1.24}$$

我们说映射 f 和 g 互为拓扑共轭.

上面出现的函数嵌套或复合函数的简便记法是

$$g \circ h(x) \equiv g(h(x)).$$

借助这种记法, (1.24) 式可以写成

$$g = h \circ f \circ h^{-1},$$
$$f = h^{-1} \circ g \circ h. \tag{1.25}$$

我们在上面的函数关系中没有写明参量，这是因为拓扑共轭关系通常只在特定参量下成立，很难找到连续依赖于参量的变换关系 $h_\mu(x)$. 例如，在满映射情形下，抛物线映射和人字映射是拓扑共轭的. 我们以后再回到这个共轭关系 (§6.2).

有些动力学性质依赖于相邻两点 (特别是临界点附近相邻两点) 在经过映射之后的距离变化. 由于

$$f(x + \Delta x) - f(x) \approx \frac{\partial f}{\partial x} \Delta x,$$

这种距离变化与映射函数及其导数有关. 对于抛物线映射，在临界点附近距离变化是一个小量，而人字映射在临界点处不存在微分，因而这两种映射很不相同. 依赖于临界点附近函数行为的共同性质称为**度规普适性**(metric universality)，相应映射属于同一个**度规普适类**. 抛物线映射和人字映射不属于同一个度规普适类.

生态学中常用的另一种虫口模型

$$x_{n+1} = x_n e^{\mu(1-x_n)},$$

与抛物线映射属于同一个度规普适类，因为在临界点 $C = 1/\mu$ 附近，

$$x_{n+1} - C = \text{const} - \frac{\mu}{2} e^{\mu-1}(x_n - C)^2 + \cdots,$$

与抛物线映射 ($C = 0$) 的 x_n^2 一致. 相反，形式上很接近抛物线映射的四次方映射

$$x_{n+1} = 1 - \mu x_n^4$$

却属于不同的度规普适类，虽然两者都属于同一个拓扑普适类.

所有与抛物线映射类似的映射，即中间有一个峰，两面是单调上升和单调下降的函数，统称为单峰映射. 所有单峰映射都属于同一个拓扑普适类，一般不要求它们属于同一个度规普适类. 本书关于抛物线映射的大多数结论，也适用于更普遍的单峰映射，有些还适用于多峰映射.

把人字映射的右半边对横轴反射一次，成为图 1.7 所示的样子. 这叫做移位映射. 其式子是

$$x_{n+1} = \begin{cases} 1 + \mu x_n, & x_n < 0, \\ -1 + \mu x_n, & x_n > 0. \end{cases}$$

采用同人字映射一样的符号函数 ϵ_n，可以写成

$$x_{n+1} = \epsilon_n + \mu x_n. \tag{1.26}$$

如果把移位映射的变化范围限制到 $[0,1]$，

$$x_{n+1} = \begin{cases} \mu(x_n - 1/2) + 1, & 0 \leqslant x_n \leqslant 1/2, \\ \mu(x_n - 1/2), & 1/2 \leqslant x_n \leqslant 1. \end{cases}$$

特别当参量 $\mu = 2$ 时，有

$$x_{n+1} = 2x_n(\mathrm{mod}\ 1). \tag{1.27}$$

模运算 (mod 1) 的意思是，只保留计算结果的小数部分. 对于保存在计算机里的二进制数，乘以 2 相当于向左移位一次. 这时字长最右端空出的一位补零，而从左端移出去的 (进位)1 舍弃不要，即实现模运算 (mod 1). 这是移位映射名称的由来.

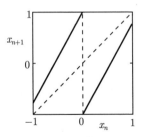

图 1.7 移位映射

我们在以后分析抛物线映射时，要多次用到人字映射和移位映射，因此先把它们写出来备用. 这里还顺便介绍了拓扑共轭、拓扑普适性和度规普适性这些概念，它们也将在以后有具体应用.

第 2 章　抛物线映射

从本章开始，我们将着手研究抛物线映射. 先做数值实验，看看能观察到什么现象；然后逐一分析这些现象，把它们解释清楚.

§2.1　线段映射的一般讨论

首先要为还没有接触过线段映射的读者说明，怎样使用这些映射来描述时间步进的离散演化过程. 考虑一般形式的线段 I 到自身的映射

$$x_{n+1} = f(\mu, x_n), \tag{2.1}$$

其中 f 是一个非线性函数，μ 代表一个或多个参量，并且要求 x_n 和 x_{n+1} 都属于线段 I. 至于允许 x_{n+1} 从线段 I 逃逸掉的情形，我们将在 §8.3 中再考虑.

若固定参量 μ 之后，取一个初值 x_0，代入 (2.1) 式右边，算出 x_1，再把 x_1 作为新的变量，计算 $x_2, \cdots$，如此不断地迭代下去：

$$\begin{aligned}
x_1 &= f(\mu, x_0), \\
x_2 &= f(\mu, x_1), \\
x_3 &= f(\mu, x_2), \\
&\vdots \quad \vdots \qquad \vdots
\end{aligned} \tag{2.2}$$

则能够得出一条轨道：

$$x_0, x_1, x_2, \cdots, x_i, x_{i+1}, \cdots, \tag{2.3}$$

其中每个 x_i 是一个轨道点.

这个迭代过程可以用图上作业演示. 为了把每一次迭代的结果变成下一次的输入量，可以在图中画一条等分角线，并通过它做一次投影 (见图 2.1). 熟悉这一图上作业之后，可以只在分角线和映射函数之间不断作直线来实现迭代.

我们主要关心轨道 (2.3) 的长时间行为，即迭代次数 i 超过某个足够大的 N 以后，极限集合 $\{x_i\}_{i>N}^{\infty}$ 表现出哪些稳恒行为.

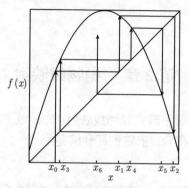

$f(x)$

$x_0\ x_3 \qquad x_6 \quad x_1\ x_4 \qquad x_5\ x_2$

x

图 2.1　线段映射的图上作业

先排除 x_i 最终从线段 I 逃逸掉的情形. 我们可以设想几种可能性:

(1) 从某次迭代开始, 所有的 x_i 都不再变化, 即

$$x_i = x^*, \quad \forall i \geqslant N.$$

逻辑记号 $\forall$ 读做"对于所有". x^* 称为迭代 (2.1) 的不动点. 在图上作业中, x^* 是映射函数与分角线的交点, 如图 2.2 所示.

(2) 从某次迭代开始, x_i 进入有限个数字周而复始、无限重复的状态. 例如, 当 $i \geqslant N$ 之后,

$$x_N, x_{N+1}, \cdots, x_{N+p-1}$$

和

$$x_{N+p}, x_{N+p+1}, \cdots, x_{N+2p-1}$$

完全相同. 这称为周期 p 轨道. 不动点是 $p = 1$ 的特例, 有时就叫做周期 1 轨道.

图 2.2 中的不动点处于临界点右面, 用符号表示为 R^∞.

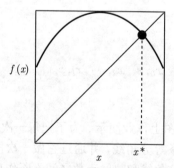

$f(x)$

$x \qquad x^*$

图 2.2　映射函数与分角线相交处是不动点

图 2.3(a) 和 (b) 分别为周期 2 和周期 3 轨道示例. 图 2.3(a) 中是一条 $(RL)^\infty$ 型周期 2 轨道. 图 2.3(b) 是一条 $(RLL)^\infty$ 型的周期 3 轨道, 它的第 2 个 L 点很

靠近中心点, 像是一条 $(RLC)^{\infty}$ 轨道, 而它的第 3 个点很接近右边界, 肉眼难以区分.

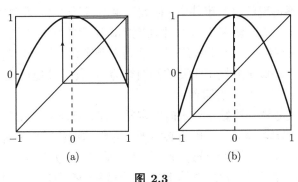

图 2.3

(a) $(RL)^{\infty}$ 型周期 2 轨道; (b) $(RLL)^{\infty}$ 型周期 3 轨道

此外, 还存在着 $(RR)^{\infty}$ 型的周期 2 和 $(RLR)^{\infty}$ 型的周期 3 轨道. 我们以后再讲.

(3) 轨道点 x_i 永不重复, 永不进入任何周期状态. 这里还包含多种不同的可能性.

若盯住一个 x_k, 每迭代一定次数, 轨道点就回到 x_k 附近来, 如果要求轨道点更靠近 x_k, 就必须迭代更多次, 然而, 任何轨道点都不准确重复 x_k 的数值, 这种情形称为准周期轨道. 准周期轨道可以用足够长的周期轨道来相当好地逼近.

(4) 与以上三类不同, 所有轨道点似乎随机地取值, 看不出任何规律性. 取出轨道中任意长的一段, 都像是一批在一定范围内随机分布的数字. 当然, 偶然会遇到某个轨道点, 其数值很靠近先前出现过的一个点, 但又不准确相同. 这种靠近事件的发生间隔也无规律可循. 这是一条随机轨道. 请读者注意, 迭代 (2.1) 是一个完全确定性的演化方程, 不包含任何随机因素, 但它确实可能导致完全随机的轨道. 认识到这种可能性, 是 20 世纪数理科学的一大进步.

还有一种可能的行为是: 轨道点像是随机地取值, 但取出有限长的一段轨道点进行精度有限的观察时, 又会发现其中有某些近似的重复图式或 "结构". 如果把这些近似的重复图式作为考察的单位, 则它们在整个轨道中的出现方式又是随机的. 这是一种混沌轨道. 确定论系统中的随机轨道是混沌轨道的特例, 即其中近似重复图式的长度为 1, 没有任何局部结构. 混沌轨道同任意长周期轨道比, 都会发生充分大的偏离.

我们针对上面的分类, 做几点评论. 这些评论将帮助读者理解, 混沌动力学不仅仅是数学, 而且离不开物理考虑.

首先, 周期、准周期、随机、混沌都是回归行为, 即演化过程回到曾经有过的状态附近. 一般说来，人类只能关心回归行为，从以往的经历预测未来. "历史的螺旋式上升"，"似曾相识燕归来"，都是指回归行为. 机械的循环论当然更是回归. 从转瞬即逝、永不再现的单次事件中，很难引申出科学结论. 数学家把那些具有回归性质的轨道点并入 "非游荡集"，集中研究非游荡集的行为. 顺便指出，前面列举的各种可能性是否穷尽了一切回归行为，是尚未严格证明的数学问题. 从实际观测和数值实验看，它们似乎囊括了主要的回归行为. 即使有其他可能性，也是很难观察到 (即 "测度为零") 的稀有事件.

其次，我们关心迭代次数足够大时的定常状态，必须等待过渡过程消逝. 过渡过程和定常状态都是物理概念，因为必须承认有限的观测精度和有限的观察时间，或者说实行 "粗粒化"，才能区分过渡过程和定常状态. 如果允许有无限的测量精度或数值精度，过渡过程会永远继续下去，达不到任何周期状态，除非一开始初值就精确地选定在一个周期点上. 前面所讲，当 $i \geqslant N$ 后，"所有 x_i 都不再变化" 等等，都是不可能的.

观测精度总是有限的，而我们又要求从观测结果中得出严格的结论. 实现这一理想的强而有力的工具是符号动力学. 要全面了解符号动力学，必须阅读专门著作，例如文献 [6] 和 [7]. 这本书只能对符号动力学稍作介绍，为有志深造的读者做一点准备.

再有，单纯考察轨道点的数值，不可能严格和正确地判断最终达到的定常状态的性质，必须辅以刻画极限集合的各种手段. 这将在本书第 7 章中叙述.

最后，混沌运动与周期轨道，特别是不稳定的周期轨道有密切关系. 在参量变化过程中，非线性系统往往先以各种方式经历一系列周期事件，最后才进入混沌状态. 这通常称为 "通向混沌的道路". 混沌状态本身，也同无穷多个不稳定的周期轨道的存在有关. 因此，本书将用相当大的篇幅来研究周期轨道.

现在，我们概括以下研究线段映射时应当回答的一些主要问题.

(1) 固定一个参量 μ，对一切可能的初值所导致的轨道进行定性分类，对每一类轨道进行刻画.

(2) 改变参量 μ，研究轨道的定性行为怎样发生突变，从一类跳到另一类. 特别是在发生突变的 μ 值附近，分析突变的性质和机理.

(3) 回答一些整体性的问题，例如固定参量 μ 时有多少不同类型的轨道可以共存，在 μ 的整个变化范围内，会出现多少不同类型的特定周期，它们的先后顺序如何，等等.

(4) 阐明映射中有无混沌轨道，有哪些通向混沌行为的不同道路，比较各种混沌轨道的混沌程度.

(5) 外噪声的影响，过渡过程的分类和刻画，等等.

显然，靠归纳大量数值结果，很难完整地回答所有这些问题. 符号动力学能帮助我们确切解答一部分问题. 对混沌运动的刻画还要求发展一些新的概念和方法. 不过, 数值实验会为我们提供直观的素材, 引导我们正确地提出问题. 因此, 我们继续为数值计算做准备.

§2.2 稳定和超稳定周期轨道

我们已经提到, 周期轨道与混沌运动有密切关系. 不同周期制度的更替, 导致各种通向混沌的道路. 混沌运动的细致刻画, 需要关于其中不稳定轨道的详尽知识. 因此, 我们先从轨道的稳定性入手, 介绍一些基本概念.

最简单的情形是不动点或周期 1 轨道. 这时映射的输入和输出数值相同, 不再因为迭代而变化:

$$x^* = f(\mu, x^*). \tag{2.4}$$

这时, 我们可以说, 不动点 x^* 是非线性方程

$$x - f(\mu, x) = 0 \tag{2.5}$$

的解. 求得任何一个非线性问题以后, 第一个要研究的问题就是这个解是否稳定. 研究的办法是在解附近做小小的扰动, 看求解过程是收敛到还是偏离开原来的解. 具体到方程 (2.4), 我们把迭代过程 (2.1) 在 x^* 附近写成

$$x^* + \epsilon_{n+1} = f(\mu, x^* + \epsilon_n), \tag{2.6}$$

其中 ϵ_n 和 ϵ_{n+1} 是迭代前后对不动点的偏离. 把 (2.6) 式右边展开到 ϵ_n 的线性项, 得到

$$x^* + \epsilon_{n+1} = f(\mu, x^*) + \left.\frac{\partial f(\mu, x)}{\partial x}\right|_{x=x^*} \epsilon_n + \cdots.$$

利用不动点方程 (2.4) 消去上式两端第一项后, 有

$$\frac{\epsilon_{n+1}}{\epsilon_n} = \left.\frac{\partial f(\mu, x)}{\partial x}\right|_{x=x^*}.$$

对于稳定的不动点, ϵ_{n+1} 的绝对值必须小于 $|\epsilon_n|$, 因此我们得到不动点的稳定条件

$$s \equiv \left|\left.\frac{\partial f(\mu, x)}{\partial x}\right|_{x=x^*}\right| \leqslant 1. \tag{2.7}$$

$s = 1$ 是稳定边界, 对应

$$f'(\mu, x^*) = 1$$

和

$$f'(\mu, x^*) = -1$$

两种可能性. 前者给出切分岔, 后者给出倍周期分岔, 我们以后再详细分析. 稳定条件 (2.7) 成立的最有利情况是

$$s = \left| \frac{\partial f(\mu, x)}{\partial x} \right|_{x=x^*} = 0. \tag{2.8}$$

它只发生在特定的参量 $\bar{\mu}$ 处 (注意, 不动点 $x^*(\mu)$ 是 μ 的函数). 满足条件 (2.8) 的轨道, 特称为超稳定不动点或超稳定周期 1. 由于抛物线映射只在临界点 C 处导数为 0, 它的超稳定不动点只能是 $x^* = C$.

对于周期 p 轨道,

$$\begin{aligned}
x_2 &= f(\mu, x_1), \\
x_3 &= f(\mu, x_2), \\
&\vdots \quad \vdots \qquad \vdots \\
x_p &= f(\mu, x_{p-1}), \\
x_1 &= f(\mu, x_p),
\end{aligned} \tag{2.9}$$

可以类似地讨论稳定性, 并引入超稳定周期轨道的概念. 这里的关键是: p 个周期点 $x_1, x_2, \cdots, x_p$ 中的任何一个, 都是复合函数

$$f^{(p)}(\mu, x) = f(\mu, f(\mu, \cdots f(\mu, x) \cdots))$$

的不动点. 用我们在 (1.25) 式中已经见过的记号, 复合函数 $f^{(p)}$ 可写成

$$f^{(p)}(\mu, x) = \underbrace{f \circ f \circ \cdots \circ f}_{\text{共} p \text{次}}(\mu, x). \tag{2.10}$$

由于

$$x_i = f^{(p)}(\mu, x_i), \quad i = 1, 2, \cdots, p,$$

只要把前面关于 f 的不动点的讨论, 搬用到 $f^{(p)}$ 就可以了. 于是, 周期 p 轨道的稳定条件是

$$s \equiv \left| \frac{\partial f^{(p)}(\mu, x)}{\partial x} \right|_{x=x^*} \leqslant 1.$$

回忆复合函数微分的链式法则

$$\frac{\mathrm{d}}{\mathrm{d}x} f \circ g \circ h(x) = \frac{\mathrm{d}f(y)}{\mathrm{d}y} \bigg|_{y=g \circ h(x)} \frac{\mathrm{d}g(z)}{\mathrm{d}z} \bigg|_{z=h(x)} \frac{\mathrm{d}h(x)}{\mathrm{d}x},$$

用到由同一个函数嵌套而成的复合函数 $f^{(p)}$, 并且注意到周期点之间的关系 (2.9), 得到

$$\frac{\partial f^{(p)}(\mu, x)}{\partial x} = \prod_{i=1}^{p} f'(\mu, x_i).$$

这是取在各周期点处的一阶导数的连乘积.

这样, 周期 p 轨道的稳定条件可以写成

$$s \equiv \left| \prod_{i=1}^{p} f'(\mu, x_i) \right| \leqslant 1, \tag{2.11}$$

而超稳定周期轨道发生在使

$$\prod_{i=1}^{p} f'(\mu, x_i) = 0 \tag{2.12}$$

的参量值 $\tilde{\mu}$ 处. 如何计算特定的超稳定周期轨道的参量 $\tilde{\mu}$ 将在以后介绍 (§2.5). 对于抛物线映射, 只有在函数 f 达到临界点 C 处才有 $f'(\mu, C) = 0$, 因此, 超稳定周期轨道点中必含临界点 C, 含有临界点 C 的轨道一定超稳定.

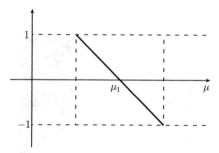

图 2.4 参量轴上的稳定周期窗口示意图
纵轴是映射函数的一阶导数 f' 或 $\dfrac{\mathrm{d}f^{(p)}}{\mathrm{d}x}$

从连续性考虑知道, 导致

$$\frac{\mathrm{d}f^{(p)}}{\mathrm{d}x} = 0$$

的参量附近, 一定有它大于 0 和小于 0 的区域. 常见的情形是正导数的范围一直延伸到它大于 1 以外, 而负导数的区域也越过 -1 去. 这样, 就在参量轴上划出一个 $s \leqslant 0$ 的稳定区间 (图 2.4). 这是对应稳定周期 p 轨道的窗口, 简称周期窗口. 像图 2.4 所示的情形, 右端导数达到 -1 处将发生从周期 p 到周期 $2p$ 的倍周期分岔. 周期 $2p$ 开始处,

$$\frac{\mathrm{d}f^{(2p)}}{\mathrm{d}x} = (-1)^2 = 1,$$

就像周期 p 窗口的左端那样. 我们在 §3.1 再详细讨论.

上面的讨论虽然以简单的线段映射为例，但它反映了非线性数学中线性稳定性分析的基本精神. 诸如一阶导数决定线性稳定性、周期轨道的讨论实质上归结为不动点等等，都适用于更复杂的非线性问题，只是导数可能换成雅可比行列式，导数乘积变成矩阵乘积而已.

§2.3　分岔图里的标度性和自相似性

对于只有一个参量的线段映射，可以把状态空间和参量空间画成一张平面图，使各种轨道行为一目了然. 现在我们就用数值计算和绘图表示的方法研究抛物线映射

$$x_{n+1} = 1 - \mu x_n^2, \quad \mu \in (0, 2], \ x \in [-1, 1]. \tag{2.13}$$

用纵坐标表示一维相空间，即区间 $[-1, 1]$. 以横轴代表参量空间，即有限线段 $(0, 2]$. 把参量范围等分成 200 步，对每个固定的参量值，取一个迭代初值，例如统一用 $x_0 = 0.618$ 开始迭代. 为了不画过渡过程，舍去最初 200 个迭代值，再把后继的 300 个轨道点都画到对应所选参量的纵方向上. 这样扫过全部参量范围，得到图 2.5 所示的分岔图.

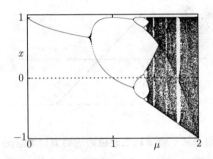

图 2.5　一维单峰映射 (2.13) 的分岔图

为了在计算机的屏幕上显示分岔图，可以使用下面的 BASIC 程序：

```
10 SCREEN 2: WINDOW SCREEN (0,0)-(639,199):CLS
20 MSTART=0: MEND=2: N=200
30 MD=(MEND-MSTART)/N
40 FOR M=MSTART TO MEND STEP MD: X=0.618
50 FOR I=1 TO 200: X=1-M*X*X: NEXT I
60 FOR I=1 TO 300: X=1-M*X*X
70 PSET (INT (320*M), 200-INT(100*(1+X)))
80 NEXT I,M: STOP: END
```

图 2.5 所示的抛物线映射的分岔图，绘制时使用了比上面程序中更多的点数，

以便得到更高的分辨率和反映较精细的结构. 现在让我们按从左到右, 也就是参量由小变大的顺序来考察和分析图中出现的各种运动形态.

首先, 从 $\mu = 0$ 到 $\mu = 0.75$(这个值将在下面算出), 每个参量只对应一个 x 值. 这是不动点或周期 1 的范围. 用虫口模型的语言说, 昆虫数目稳定到与参量有关的一定水平上 —— 当然, 要把 x 和 μ 都换算回原来所用的变化范围.

对于抛物线映射 (2.13), 具体写出不动点方程和稳定条件

$$x^* = 1 - \mu(x^*)^2, \quad |2\mu x^*| \leqslant 1. \tag{2.14}$$

由第一个方程解得不动点 x^* 与参量 μ 的关系

$$x^* = \frac{\sqrt{1+4\mu}-1}{2\mu}. \tag{2.15}$$

它的稳定区间是

$$-1 \leqslant \sqrt{1+4\mu} - 1 \leqslant 1.$$

由于 $\mu > 0$, 上面第一个不等式总成立, 而第二个不等式给出

$$\mu \leqslant \frac{3}{4}. \tag{2.16}$$

方程组 (2.14) 还有另一个解

$$x^* = (-\sqrt{1+4\mu}-1)/2\mu, \tag{2.17}$$

它在整个参量区间内都是不稳定的. 我们以后在 §6.4 中还要提到它.

在 $\mu_1 = 3/4$ 处, 导数 $f'(\mu, x^*) = -1$, 在这里发生第一次分岔, 周期 1 变成周期 2, 分岔图中一个点分成上下交替的两个点. 这是第一次倍周期分岔. 为什么一定要变到周期 2, 而不是其他周期, 以及突变前后轨道稳定性的变化, 我们以后还要详细分析 (见 §3.1).

周期 2 轨道 (x_1^*, x_2^*) 满足

$$\begin{aligned} x_2^* &= 1 - \mu(x_1^*)^2, \\ x_1^* &= 1 - \mu(x_2^*)^2. \end{aligned} \tag{2.18}$$

它的稳定条件是

$$-1 \leqslant 4\mu^2 x_1^* x_2^* \leqslant 1. \tag{2.19}$$

由于任何不动点 $x^* = f(x^*)$ 也给出周期 2 轨道, 我们应当排除这一平庸解, 不去求解四阶方程 (2.18), 而只须考虑

$$\frac{f^{(2)}(\mu, x) - x}{f(\mu, x) - x} = \mu^2 x^2 - \mu x + 1 - \mu = 0.$$

它的两个解为

$$\begin{aligned} x_1^* &= (1 - \sqrt{4\mu - 3})/2\mu, \\ x_2^* &= (1 + \sqrt{4\mu - 3})/2\mu. \end{aligned} \tag{2.20}$$

我们看到，只有当 $\mu \geqslant 0.75$ 时，这才是一对可以观察到的实根. 在 $\mu < 0.75$ 的区域，它们是在实数迭代中看不见的共轭复根. 稳定条件 (2.19) 具体化成

$$-1 \leqslant 4 - 4\mu \leqslant 1.$$

它给出周期 2 的稳定区间

$$\frac{3}{4} < \mu < \frac{5}{4}$$

和超稳定周期 2 的参量值

$$\tilde{\mu}_2 = 1.0.$$

超稳定点恰好落在稳定周期 2 的参量区间 $(0.75, 1.25)$ 的中央. 导数

$$\frac{\mathrm{d}}{\mathrm{d}x} f^{(2)}(\mu, x)|_{x=x^*} = 4 - 4\mu$$

在稳定区间的两端取值 $+1$ 和 -1，后者对应从周期 2 到周期 4 的倍周期分岔.

从虫口模型的初衷看，周期 2 的出现具有实际意义. 它表示虫口数目以 2 年为周期，呈现多寡交替. 倍周期现象在客观世界中比较常见. 果树收成往往以 2 年为周期，"大年" 和 "小年" 轮换. 一些大城市郊区的高速公路上，常见到以 2 星期为周期的交通阻塞. 我国某些地区的生猪产量，也有 2 年周期的起落. 一般说来，在鼓励和抑制两种因素起作用的过程中，在考虑了 "过犹不及" 的模型里，都有可能出现倍周期分岔和更为复杂的动力学行为. 周期 2 是较为容易看到的制度.

现在继续考察分岔图 2.5. 在

$$\mu_2 = 1.25$$

处发生第二次倍周期分岔，周期 2 轨道失去稳定性，同时诞生一条稳定的周期 4 轨道. 周期 4 轨道的稳定范围比周期 2 窄，它只存在到 $\mu_3 = 1.3681\cdots$ 处. 分岔点 μ_n 的具体数值当然与映射函数有关，因而没有普遍意义. 当映射函数是低阶多项式时，可以用代数方法对低周期轨道的稳定范围做细致的计算. 读者可以参看论文 [8].

由周期 2^n 到周期 2^{n+1} 的分岔过程，会以越来越窄的参量间隔迅速展开，最终在

$$\mu_\infty = 1.4011518909205\cdots$$

处达到无穷长. 这样，从 $\mu = 0$ 到 $\mu = \mu_\infty$，存在一个倍周期分岔序列，其周期为

$$1 \to 2 \to 4 \to 8 \to 16 \to \cdots \to 2^n \to 2^{n+1} \to \cdots \to \infty.$$

考察分岔图 2.5 右侧的 "混沌区". 从 $\mu = 1.5437\cdots$ 到 $\mu = 2$，除了可见和不可见的周期窗口外，是一个单一的混沌带. 在 $\mu = 1.5437\cdots$ 左边，单一的混沌带

分裂成上下两个带, 而在 $\mu = 1.4304\cdots$ 处, 它又分裂成 4 个带. 换一种说法, 在 $\mu = 1.4304\cdots$ 处 4 带合并为 2 带, 在 $\mu = 1.5437\cdots$ 处 2 带合并为 1 带, 而在 $\mu = 2$ 处 1 带区结束 $(1 \to 0)$. 这样, 在 μ_∞ 的右面, 存在着一个 $2^n \to 2^{n-1}$ 的混沌带的倍周期合并序列:

$$\infty \to \cdots \to 2^n \to \cdots \to 16 \to 8 \to 4 \to 2 \to 1 \to 0.$$

我们在表 2.1 中给出抛物线映射 (2.13) 倍周期分岔序列的超稳定参量, 以及倍周期合并序列的合并点参量值. 这些参量数值是用以后将介绍的字提升法 (见 §2.5 和 §6.5) 计算出来的. 混沌带的合并问题也将在 §6.5 中再详细研究.

表 2.1   倍周期分岔序列和带合并序列的参量值

n	周期	超稳定周期点	$2^n \to 2^{n-1}$ 带合并点
0	1	0	$2.0(1 \to 0)$
1	2	1	$1.54368901\cdots$
2	4	$1.31070904\cdots$	$1.43035763\cdots$
3	8	$1.38154748\cdots$	$1.40745011\cdots$
4	16	$1.39694535\cdots$	$1.40249217\cdots$
5	32	$1.40025308\cdots$	$1.40144149\cdots$
6	64	$1.40096196\cdots$	$1.40121650\cdots$
7	128	$1.40116832\cdots$	$1.40116832\cdots$
8	256	$1.40114632\cdots$	$1.40115800\cdots$
9	512	$1.40115329\cdots$	$1.40115570\cdots$
10	1024	$1.40115478\cdots$	$1.40115531\cdots$
11	2048	$1.40115510\cdots$	$1.40115521\cdots$
12	4096	$1.40115517\cdots$	$1.40115195\cdots$
13	8192	$1.40115518\cdots$	$1.401155190\cdots$
14	16384	$1.40115518\cdots$	$1.401155189\cdots$
∞	∞	$1.40115518909205\cdots$	

考察表 2.1 中的数值, 会清楚地看到两组参量收敛到同一个极限值 μ_∞. 事实上, 上面两种序列在参量空间和相空间中都表现出有趣的标度性质. 早在 1958–1968 年期间, 芬兰数学家麦博格 (P. J. Myrberg) 就对这些序列进行过研究[9]. 美国物理学家费根鲍姆 (M. J. Feigenbaum) 进一步发现了刻画标度性质的两个普适常数 δ 和 α, 并且借助相变理论中的重正化群方法, 确切解释了这两个常数, 给出了计算它们到任意精度的办法[10]. 因此, 在欧洲文献中, 有时把倍周期分岔序列称为 "麦博格序列", 而在美国文献中又往往叫做 "费根鲍姆序列".

我们将在本书第 3 章叙述重正化群方法. 这里先从数值结果出发, 阐明刚才提到的标度性质, 为以后的讨论做些准备.

首先是分岔参量 μ_n 收敛到 μ_∞ 的速率. 由于每两个分岔参量中间夹着一个超

稳定周期点 $\tilde{\mu}_n$,

$$\mu_n < \tilde{\mu}_n < \mu_{n+1}, \qquad \forall n,$$

这两个序列的收敛速率是相同的. 超稳定点参量 $\tilde{\mu}_n$ 容易用字提升法求出. 我们就用这些参量值来估算收敛速率. 费根鲍姆发现, $\tilde{\mu}_n$ 按几何级数收敛到 μ_∞:

$$\tilde{\mu}_n = \mu_\infty - \frac{A}{\delta^n}, \tag{2.21}$$

其中 A 是依赖于映射 f 的常数, 而 δ 是不依赖于 f 的普适常数[①],

$$\delta = 4.6692016091029906718532038\cdots.$$

为了检验这一收敛规律, 可取表 2.1 中的数值, 计算比值

$$\delta_n = \frac{\tilde{\mu}_n - \tilde{\mu}_{n+1}}{\tilde{\mu}_{n+1} - \tilde{\mu}_{n+2}}.$$

可以看出, δ_n 趋向极限 δ. 当然, 用这种方法不能求得很多位有效值. 上面给出的高精度数值是用按不稳定周期展开的办法求得的[11].

不难验证, 表 2.1 中的混沌带合并点参量也按同一方式收敛到 μ_∞, 收敛速率也由同一个普适常数 δ 决定.

其次, 为了考虑倍周期分岔序列在相空间中的标度性质, 可在各个超稳定周期点定义一些几何尺寸. 在超稳定周期 2 处, 两个周期点之间的距离是 $l_1 = 1$. 在超稳定周期 4 处, 四个周期点的上下两对之间的距离是 $l_{21} = 0.12653$, $l_{22} = 0.31070$. 在超稳定周期 8 处, 从上到下的四对周期点之间的距离是 $l_{41} = 0.01933$, $l_{42} = 0.0519$, $l_{43} = 0.11829$ 和 $l_{44} = 0.0529$, 等等. 这些距离之间可以定义一批比值, 例如

$$\frac{l_1}{l_{22}} = 3.26, \quad \frac{l_{22}}{l_{21}} = 2.45, \quad \frac{l_{21}}{l_{42}} = 2.43, \quad \frac{l_{41}}{l_{42}} = 2.68,$$

等等. 沿着分岔序列的任何一支, 都可以计算相邻两组周期点之间的类似的距离比值, 它的数值在 2.50 附近. 应当指出, 这里描述的过程并不严格地趋向同一个极限, 而只是表明存在着大致成立的标度关系. 我们以后要用重正化群方程来定义一个标度因子, 它的精密数值是[②]

$$\alpha = 2.502907875095892822283900287\cdots.$$

我们给出如此精密的 δ 和 α 数值, 并非由于实践中有这么高的要求, 而是要表明科学认识的深度. 正如圆周率 π 的数值, 当今工业实践的要求未必超过 "祖率" (祖

---

① δ 的数值与映射函数在临界点的行为有关, 这里给出的 δ 值对二次临界点是普适的, 详情见 §3.5. 费根鲍姆[10] 最初给出 14 位有效值, 这里给出的 26 位数值引自文献 [11].

② 费根鲍姆[10] 最初只正确给出 13 位有效值, 这里的数值引自文献 [11].

冲之, 公元 429–500 年, 他计算出圆周率在 3.1415926 和 3.1415927 之间), 而现代科学却有能力把 π 计算到数亿位. 圆周率数值的精确化, 是科学的要求和进步, 而不是技术的需求.

我们借助具体的抛物线映射, 引进了收敛速率 δ 和标度因子 α, 它们的普遍意义远远超过一维映射. 在许多包含耗散的高维非线性系统中, 只要出现倍周期分岔序列, 就会遇到同样的普适常数. 同时, 我们也要指出, 这类"普适"常数其实有无穷多组, 费根鲍姆所观察到的只是其中的第一组, 也是最容易看到的一组. 我们将在 §4.5 中研究 l 倍周期序列时再回到这个问题.

分岔图 2.5 中还包含着许多自相似结构. 例如, 取出从周期 2 窗口起点到 $2 \to 1$ 带合并点的一段分岔图的上半支 (或下半支), 适当放大 α^2 倍 (或 α 倍), 都可以得到同整个分岔图相似的图形. 再如, 1 带区最宽的空隙, 其开始处 ($\mu = 1.75$) 为一个周期 3 窗口. 这个周期 3 随后发生倍周期分岔, 导致一个周期 3×2^n 的序列. 序列中各次分岔点或超稳定点也收敛到一个极限点, 收敛速率也由同一个普适常数 δ 决定. 越过极限点之后, 有一个由 $3 \times 2^{n+1}$ 合并到 3×2^n 混沌带的序列. 换言之, 这里有上、中、下三组倍周期分岔序列和相应的混沌带合并序列. 利用本节前面给出的 BASIC 程序, 适当改变参量范围, 可以取出分岔图 2.5 的一小部分加以放大. 图 2.6 就是 $\mu = 1.76$ 到 $\mu = 1.86$ 的分岔图, 它包含了上面描述的结构. 从图中上、中、下三支任取一支, 适当改变比例, 都可以得到与整个分岔图 2.5 相似的图形.

刻画自相似结构的严格方法, 要使用符号动力学中的 $*$ 合成法则. 我们将在 §2.6 中稍做介绍. 图 2.6 中还有一个值得注意的现象, 这就是混沌带的尺寸在 $\mu = 1.790327$ 处发生突变, 由密致的三带突然成为稀疏的单带. 这称为混沌吸引子的"爆炸"或"激变", 我们以后再详细讨论. 总而言之, 周期 3 的窗口和它后面的混沌带, 从开始到结束, 有一系列丰富的现象. 这些现象其实在嵌在混沌带里的每个窗口处都重复发生, 只不过在周期 3 附近看得最清楚. 我们将用整个第 4 章研究这些现象.

最后, 我们还要指出 (细心的读者可能早就注意到的) 一个现象: 在分岔图 2.5 和图 2.6 中, 有一些清晰可见的暗线从混沌区中穿过, 它们时而彼此相交, 时而成为混沌带的边界.

概括起来说, 从仔细考察反映数值结果的分岔图, 可以提出许多问题. 例如:

(1) 为什么会发生倍周期分岔? 如何解释倍周期分岔序列的标度性质, 如何计算普适常数 δ 和 α?

(2) 怎样刻画分岔图里的自相似结构?

(3) 怎样解释混沌区中的周期轨道? 它们的数目有多少? 它们的出现顺序有什么规律? 怎样确定每个周期窗口的参量数值?

(4) 怎样解释穿过混沌区的暗线? 能不能写出这些暗线的方程?

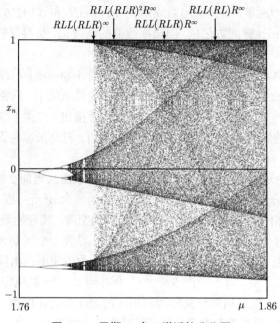

图 2.6　周期 3 窗口附近的分岔图

　　本书将要回答所有这些问题. 我们先从最后一个, 也是最简单的暗线问题入手.

§2.4　分岔图中暗线的解释

　　下面将要给出的解释, 适用于一切一维线段的映射, 而不限于抛物线映射. 因此, 我们使用一般形式的映射

$$x_{n+1} = f(\mu, x_n) \tag{2.22}$$

来做说明. 映射 (2.22) 是一个从数字到数字的变换. 我们利用它来定义一个从函数到函数的变换. 取映射的一个临界点 C, 即函数达到极大值或极小值, 导数为 0 的点. 抛物线映射 (2.13) 只有一个临界点 $C = 0$. 首先, 定义一个恒等于常数的初始函数

$$P_0(\mu) = C, \tag{2.23}$$

然后, 借助映射函数 (2.22) 来递归地定义一套函数

$$P_{n+1}(\mu) = f(\mu, P_n(\mu)), \quad n = 0, 1, 2, \cdots \tag{2.24}$$

这样我们就有了一个函数族 $\{P_n(\mu)\}_{n=0}^{\infty}$. 如果映射函数 $f(\mu, x)$ 具有多个临界点 C_i(这里 $i = 1, 2, \cdots$),就定义多个函数族

$$P_0^{(i)} = C_i,$$
$$P_{n+1}^{(i)}(\mu) = f(\mu, P_n^{(i)}(\mu)). \tag{2.25}$$

我们的结论是:

(1) $P_n(\mu)$ 就是分岔图中所有暗线和混沌带边界的函数;

(2) 方程

$$P_n(\mu) = C \tag{2.26}$$

在一定区间内的实根 $\tilde{\mu}_i$ 给出所有超稳定周期 n 轨道的参量值.

结论 (2) 是很容易说明的. 我们从 §2.2 已经知道,超稳定周期轨道一定含有临界点 C,而每个周期点都是复合函数 $f^{(n)}(\mu, x)$ 的不动点. 因此,由 C 出发,经过 n 次迭代一定回到 C,

$$C = f^{(n)}(\mu, C).$$

使用 (2.24) 式的记号,这就是方程 (2.26). 不过,我们将会看到,求解方程 (2.26) 并不是计算超稳定周期点的最好办法.

为了说明结论 (1),我们先回想一个中学物理问题.

"赤橙黄绿青蓝紫,谁持彩练当空舞?"怎样解释雨后斜阳映出的彩虹?取一滴水珠,考虑一束阳光在其中的折射和反射 (图 2.7). 光束从前壁的气水界面经过折射,进入水珠,在后壁受到反射,再经过一次折射穿出水珠. 只要知道光的折射律和反射律,利用图 2.7 中的简单三角关系,容易得到出射和入射光束夹角 θ 与有关几何和物理参量 (折射率 n) 的关系. 只要折射率与波长有关,即存在色散,同一束入射光中不同颜色的光线,就会按稍稍不同的角度出射. 水珠的作用与三棱镜相像,这就解释了虹的成因.

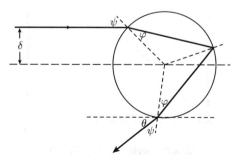

图 2.7 光束在水珠中的折射和反射

然而,这并不是一个完全的解释. 它忽略了一个重要的几何因素:太阳光线以不同的瞄准距离 (图 2.7 中的 δ) 进入水珠. 决定出射角 θ 的参量还有一个几何比

值 $x = \delta/R$, 其中 R 是水珠的半径. 即使取一束单色光, 折射率 n 是个常数, 从不同瞄准距离入射的光束也要以不同的角度 θ 出射.

这是两种作用相反的效应. 折射率的色散, 使得不同颜色的光线分开. 不同的瞄准距离, 使同一种颜色的光束弥散开, 抵消了色散的效果. 人们究竟为什么还能看到虹呢? 为了得到正确答案, 我们须要看一看出射角 θ 与折射率 n 和瞄准距离 $x = \delta/R$ 的函数关系. 一位爱好物理、知道平面三角关系的高中毕业生应当能够自己推导出下面的式子:

$$\theta = 2\arcsin\left\{ x\left[\frac{2}{n}\sqrt{(1-x^2)\left(1-\frac{x^2}{n^2}\right)} - 1 + \frac{2x^2}{n^2} \right] \right\}. \tag{2.27}$$

原来, 固定 n 之后, θ 与 x 的关系是同抛物线相似的单峰函数. 图 2.8 是取 $n = 1.3$(大致为水的折射率) 画出的曲线. 不难看出, 如果取 100 条瞄准距离按等间隔分布的入射光束, 它们的出射角不再按等间隔分布, 而是集中到函数极大值 x_{c} 所对应的 θ_{c} 附近. 如果取连续均匀分布的入射光, 则出射光的分布会在 $\theta \leqslant \theta_{\mathrm{c}}$ 一侧形成无限的尖峰. 正是被这个尖峰所强调出来的那部分光线, 才给出眼睛看到的虹的颜色. 为了确定 θ_{c}, 须先求得 x_{c}, 即求解

$$\frac{\mathrm{d}\theta}{\mathrm{d}x} = 0.$$

对于 $n = 1.3$, 可以求得 $\theta_{\mathrm{c}} = 42.5°$. 这个角度在说明与彩虹有关的许多现象时都会出现.

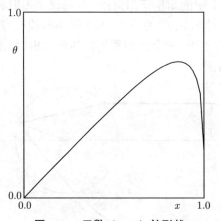

图 2.8   函数 (2.27) 的形状

为了说明虹, 我们考察了单峰函数 (2.27) 的一次迭代. 在非线性动力学中, 要反复使用映射 (2.22). 当参量 μ 处于混沌区时, 轨道点的分布趋近某种连续分布 (我们以后在 §6.2 中要讲到它). 每经过一次迭代, 映射函数的极大或极小值附近

就会增加一个无穷的尖峰. 它们给出分岔图中的暗线. 因此, 为了写下暗线的方程, 只须跟踪临界点 C 的历次迭代值.

正因为在 θ_c 处映射达到极大值, 迭代结果只能落到 $\theta \leqslant \theta_c$ 半边, 使尖峰本身成为混沌带的边界.

对于抛物线映射 (2.13), 函数 $P_n(\mu)$ 都是 μ 的多项式. 前几个多项式是:

$$P_0(\mu) = 0,$$
$$P_1(\mu) = 1,$$
$$P_2(\mu) = 1 - \mu,$$
$$P_3(\mu) = 1 - \mu + 2\mu^2 - \mu^3,$$
$$P_4(\mu) = 1 - \mu + 2\mu^2 - 5\mu^3 + 6\mu^4 - 6\mu^5 + 4\mu^6 - \mu^7,$$
$$P_5(\mu) = 1 - \mu + 2\mu^2 - 5\mu^3 + 14\mu^4 - 26\mu^5 + 44\mu^6 - 69\mu^7$$
$$+ 94\mu^8 - 114\mu^9 + 116\mu^{10} - 94\mu^{11} + 60\mu^{12}$$
$$- 28\mu^{13} + 8\mu^{14} - \mu^{15},$$
$$\vdots \quad \vdots \quad \vdots$$

$P_1(\mu)$ 是所有轨道的上边界, $P_2(\mu)$ 是所有轨道的下边界, $P_3(\mu)$ 是 2 带区上半的下边界, $P_4(\mu)$ 是 2 带区下半的上边界, 等等.

图 2.9 中画出了 P_0 到 P_8 的曲线. 由图看出, 不同的曲线在一些点相交或相切. 最清楚的相切点发生在超稳定周期 2 和周期 3 处. 其实, 任何一组相切都对应一个超稳定周期轨道.

图 2.9 中从左往右看, $P_n(\mu)$ 曲线的第一个相交点发生在 $\mu = 2$ 处. 除了 P_0 和 P_1 以外, 所有其他曲线都从这一点通过. 下一个清楚的相交发生在两个混沌带合并为单带处, 即 $\mu = 1.5437 \cdots$ 时, 除了 P_0, P_1, P_2 之外, 所有的 $P_n(\mu)$ 都在这里相交. 在四个混沌带合并为两带处, 有上、下两个相交点, 在上面相交的是所有的 P_{2n-1}, 而在下面相交的是各个 P_{2n}, 这里 $n \geqslant 3$. 事实上, 每一个相交点都有一条已经失稳的周期轨道穿过. 我们以后讨论粗粒混沌时还会回到这些相交点来 (§6.5). 不难证明: 只要有两条 $P_n(\mu)$ 曲线在 $\bar{\mu}$ 相交, 就会有无穷多条更高阶的曲线在此点与它们相交; 只要有两条曲线在 $\bar{\mu}$ 处相切, 就会有无穷多条更高阶的曲线在此与它们相切.

我们之所以在暗线的方程上用了这么多笔墨, 是因为它们包含一些重要的启示. 暗线代表连续分布中的奇异性, 具有相当普遍的意义. 声学和光学系统中的焦点和散焦线, 也属于类似的奇异性. 它们很可能有助于理解湍流运动随机背景上的大尺度结构.

分岔图中暗线的解释, 最先在文献 [12] 中给出, 后来还有一些作者讨论过 (例如文献 [13]).

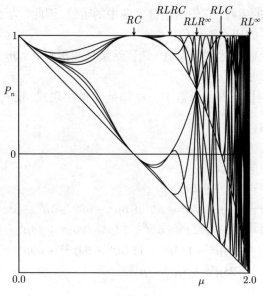

图 2.9　描述暗线的 $P_n(\mu)$ 曲线

$n = 0, 1, \cdots, 8$

§2.5　周期窗口何处有 —— 字提升法

　　现在回到 §2.3 末尾提到的另一个问题: 怎样计算周期轨道的位置, 也就是计算其参量的数值. 我们由 §2.2 中的讨论已经知道, 对于连续光滑的映射函数 $f(\mu, x)$, 在每个周期窗口区间的中部有一条超稳定周期轨道. 确定了超稳定轨道的参量值, 窗口的位置也就基本上确定了.

　　事实上, 我们已经见过两种计算超稳定周期轨道参量值的方法.

　　第一种方法, 从定义出发, 求解周期轨道 (2.9) 和超稳定条件 (2.12) 的联立方程组. 费根鲍姆当年就使用了这种方法[10].

　　第二种方法, 求解暗线方程 (2.25). 计算集中到参量 μ 本身, 不再涉及用处不大的轨道点 $x_1, x_2, \cdots, x_p$ 的数值, 因而减少了工作量.

　　然而, 当周期 p 较长时, 往往对同一个 p 就存在着大量不同的解. 例如, 抛物线映射 (2.13) 有 93 个不同的超稳定周期 11 的轨道, 而不同的超稳定周期 26 轨道, 数目超过 129 万个. 任何目前已知的数值方法, 都不能处理前面两种方法所导致的高阶方程组, 从数值上区分靠得这么近的轨道参量.

　　下面, 我们介绍一种简单有效的方法 —— 字提升法. 它同时有助于熟悉线段映射的符号字描述, 为今后学习符号动力学做一些准备.

省去固定的参量 μ 不写，每选定一个初值 x_0，就迭代出一条数值轨道：

$$
\begin{aligned}
&x_0, \\
&x_1 = f(x_0), \\
&x_2 = f(x_1) = f^{(2)}(x_0), \\
&\quad\vdots\quad\quad\vdots\quad\quad\vdots \\
&x_n = f(x_{n-1}) = f^{(n)}(x_0).
\end{aligned}
\tag{2.28}
$$

对于单峰映射，这些轨道点无非落在线段的右半 (R)、左半 (L)、或中点 (C)，参看图 1.5. 我们不去关心轨道点的具体数值，而只根据 x_i 的位置，把它与某个字母对应，即令每一个 x_i 对应一个符号 s_i，

$$
s_i = \begin{cases} R, & x_i > C; \\ C, & x_i = C; \\ L, & x_i < C. \end{cases}
\tag{2.29}
$$

这样. 数值轨道 (2.28) 就对应成一个符号序列. 我们做一项对今后很有用的约定: 用初值 x_0 作为相应符号序列的名字，即写成

$$
x_0 = s_0 s_1 s_2 \cdots s_{n-1} s_n \cdots .
\tag{2.30}
$$

从 x_0 经过一次迭代得到 x_1，用 x_1 作初值的序列是

$$
x_1 = s_1 s_2 s_3 \cdots s_{n-1} s_n \cdots .
$$

从给定的符号序列中，舍去第一个符号，得到另一个符号序列, 这种操作称为符号序列的移位 (shift，我国数学界有时称为转移). 映射的迭代，相当于符号序列的移位. 这个简单的事实，对于理解符号动力学具有根本意义.

一般说来，数值轨道与符号序列是多一对应的. 许多不同的数值轨道，可以对应同一个符号序列，而不同的符号序列, 一定对应不同的数值轨道. 正是这种"多一对应"，提供了对全部轨道进行分类的可能性.

现在考虑如何把 (2.28) 式右边最后一个关系逆过来，写成

$$
x_0 = f^{-n}(x_n).
$$

我们不能简单地这样做，因为非线性函数 $f(x)$ 的逆函数是多值的. 让我们明确地标出函数 $f(x)$ 的单调支: 在线段 L 上的单调上升支记为 f_L，在线段 R 上的单调下降支记为 f_R(参看图 1.5). 注意，函数的单调支由自变量的位置决定，因此所附加的下标就是自变量对应的字母. 这样，数值序列 (2.28) 的更确切的写法是

$$
x_0, x_1 = f_{s_0}(x_0), x_2 = f_{s_1}(x_1), \cdots, x_n = f_{s_{n-1}}(x_{n-1}), \cdots,
$$

其中 s_i 就是按 (2.29) 式规定的符号. 现在就可以把 (2.28) 式一步一步地逆过来, 写成

$$x_0 = f_{s_0}^{-1}(x_1) = f_{s_0}^{-1} \circ f_{s_1}^{-1}(x_2) = \cdots$$
$$= f_{s_0}^{-1} f_{s_1}^{-1} \circ \cdots \circ f_{s_{n-1}}^{-1}(x_n). \tag{2.31}$$

这里再次使用了复合函数的记法, 见 (2.10) 式. 为了简化记号, 我们做一个重要约定: 用逆函数的下标做它的名字, 即令

$$s(y) \equiv f_s^{-1}(y). \tag{2.32}$$

于是, (2.31) 式成为

$$x_0 = s_0 \circ s_1 \circ s_2 \circ \cdots \circ s_{n-1}(x_n). \tag{2.33}$$

这是一个逆函数的嵌套关系, 其中每个字母必须按 (2.32) 式理解成一个单调的逆函数支, 它们按照符号序列 (2.30) 的顺序出现.

这样, 我们写下了三件事之间的对应关系: 数值轨道 (2.28), 符号序列 (2.30), 以及复合函数 (2.33). 这种对应关系的第一个用途, 就是给出求超稳定轨道参量值的字提升法. 不过, 在讲解字提升法之前, 我们要先澄清文献中一种容易引起误解的说法.

一维线段的映射往往被称为不可逆映射, 而二维以上映射则是可逆的 (只要相应雅可比矩阵的行列式不为零). 这里的 "不可逆" 主要指由函数的多值性而导致的逆轨道的非唯一性, 与非平衡物理现象中的不可逆性没有关系. 诚然, 一维线段映射有许多是高维映射含有耗散所导致, 因而是物理上不可逆的极限, 但多数高维的可逆映射 (只要雅可比行列式小于 1) 也是描述不可逆物理过程的. 其实, 逆函数多值性所导致的一维线段映射的 "不可逆性", 很容易用符号描述排除, (2.33) 式就是逆关系.

以函数 f 作用到 (2.33) 式两端, 得

$$f(x_0) = s_1 \circ s_2 \circ \cdots \circ s_{n-1}(x_n).$$

对于一条超稳定的周期 n 轨道, 可以取 $x_0 = x_n = C$, 于是

$$f(C) = s_1 \circ s_2 \circ \cdots \circ s_{n-1}(C).$$

这就是说, 任何对应超稳定轨道的周期序列 $(\Sigma C)^\infty$, 其中 Σ 是不含字母 C 的符号串, 都可以立即提升为方程

$$f(C) = \Sigma(C), \tag{2.34}$$

其中 $\Sigma()$ 应理解为由相应字母嵌套而成的复合逆函数. 这就是字提升法.

我们看几个具体例子. 由以后要介绍的符号动力学知道, 抛物线映射中周期 5 以内的超稳定周期序列只有下面这些 (参见后面的表 2.2):

周期2 RC

周期3 RLC

周期4 $RLRC, RLLC$

周期5 $RLRRC, RLLRC, RLLLC$

为了得到它们的参量值, 应当分别求解提升得到的方程

$$f(C) = R(C),$$
$$f(C) = R \circ L(C),$$
$$f(C) = R \circ L \circ R(C),$$
$$f(C) = R \circ L \circ L(C),$$
$$f(C) = R \circ L \circ R \circ R(C),$$
$$f(C) = R \circ L \circ L \circ R(C),$$
$$f(C) = R \circ L \circ L \circ L(C).$$

对于抛物线映射, 比较方便的函数形式是 (1.20), 即

$$y = f(\mu, x) = \mu - x^2, \tag{2.35}$$

这时两支逆函数分别为

$$R(y) \equiv f_R^{-1}(y) = \sqrt{\mu - y},$$
$$L(y) \equiv f_L^{-1}(y) = -\sqrt{\mu - y}, \tag{2.36}$$

而临界点 $C = 0$, $f(C) = \mu$. 具体写出对应周期 5 的三个方程

$$\mu = \sqrt{\mu + \sqrt{\mu - \sqrt{\mu - \sqrt{\mu}}}},$$
$$\mu = \sqrt{\mu + \sqrt{\mu + \sqrt{\mu - \sqrt{\mu}}}}, \tag{2.37}$$
$$\mu = \sqrt{\mu + \sqrt{\mu + \sqrt{\mu + \sqrt{\mu}}}}.$$

求解这些方程的办法, 是把它们变成迭代关系

$$\mu_{n+1} = \sqrt{\mu_n + \sqrt{\mu_n - \sqrt{\mu_n - \sqrt{\mu_n}}}},$$
$$\mu_{n+1} = \sqrt{\mu_n + \sqrt{\mu_n + \sqrt{\mu_n - \sqrt{\mu_n}}}},$$
$$\mu_{n+1} = \sqrt{\mu_n + \sqrt{\mu_n + \sqrt{\mu_n + \sqrt{\mu_n}}}},$$

初值 μ_0 可以在区间 $(\mu_\infty = 1.40115, 2)$ 上任意取. 迭代过程很快收敛, 结果是:

$$RLR^2C: \quad \tilde{\mu} = 1.62541\cdots,$$
$$RL^2RC: \quad \tilde{\mu} = 1.86078\cdots,$$
$$RL^3C: \quad \tilde{\mu} = 1.98542\cdots.$$

前面 §2.3 中表 2.1 开列的倍周期分岔序列的超稳定周期参量数值, 都是用字提升法求得的.

顺便指出, 如果把 (2.37) 各式乘方四次, 消除其中开方运算, 则三个式子都回到同一个方程

$$P_5(\mu) = 0,$$

其中 $P_5(\mu)$ 是由 (2.23) 式决定的暗线方程之一. 这就是回到方程 (2.25), 重新遇到原来的数值困难.

§2.6   实用符号动力学概要

上一节中, 使用符号描述导出了计算超稳定周期参量的字提升法, 但是, 并没有建立符号动力学. 符号动力学是在有限精度下描述动力学行为的严格方法. 它的基本概念适用于任何高维的动力系统, 然而, 只有在低维情形下才能发展出丰富的内涵. 建立一维的符号动力学, 至少要求:

(1) 给出符号序列的排序规则.

(2) 给出允字条件, 即判断任意给定的符号序列能否对应动力学中实际存在的轨道.

(3) 给出产生一定长度内所有的允许序列的方法, 或在两个给定的允许序列之间生成中介序列的方法.

(4) 由已知的较短的允许符号序列产生更多、更长的合法序列的"合成法则".

(5) 用符号序列对周期和混沌轨道进行刻画, 按符号序列计算拓扑熵、复杂性等特征量.

(6) 给出各种不同周期轨道的数目和总数.
这些规则和方法, 应当不局限于抛物线映射, 而且能够推广到更复杂的情形.

目前, 一维映射的符号动力学已经发展成有丰富内容的专门领域, 我们称之为"实用符号动力学"[6, 7]. 二维映射的符号动力学也已经有了实质性的进展[7, 14]. 系统讲述符号动力学已经超出本书的任务, 有兴趣的读者可以参阅文献 [7].

然而, 离开符号动力学就不能深刻理解一维映射. 因此, 我们在本节要结合一维单峰映射, 讲解符号动力学的一些初步概念, 以便在以后各章中适当引用, 使叙述更为确切和精练.

首先, 回忆单调函数的几条基本性质:

(1) 单调上升函数 f 保序, 即由 $x_1 > x_2$ 得 $f(x_1) > f(x_2)$; 单调下降函数 f 反序, 即由 $x_1 > x_2$ 得 $f(x_1) < f(x_2)$.

(2) 单调函数 f 及其逆函数 f^{-1}, 同为上升或下降函数.

(3) 两个单调函数构成复合函数时, 如果两者同为上升或下降函数, 则总效果是单调上升, 如果两者中只有一个单调下降, 则总效果是单调下降. 因此, 我们可以说, 单调上升函数是偶性的, 或具有奇偶性 $+1$; 而单调下降函数是奇性的, 或具有奇偶性 -1. 只要把复合函数中单个函数的奇偶性相乘, 就可以判断总效果是上升还是下降. 对于抛物线映射, f_R 和 $R \equiv f_R^{-1}$ 是奇性的, 而 f_L 和 $L \equiv f_L^{-1}$ 是偶性的. 奇偶性与映射函数导数的负正号一致. 因此, 不妨给字母 C 赋以 0 奇偶性, 因为 $f'(C) = 0$.

符号序列的排序规则基于实数的自然序和单调函数的上述性质. 首先, 三个符号 L, C, R 有自然顺序

$$L < C < R. \tag{2.38}$$

然后, 比较两个符号序列

$$x = s_1 s_2 s_3 \cdots,$$
$$y = t_1 t_2 t_3 \cdots,$$

如果第一个字母 $s_1 \neq t_1$, 它们必定已经按 (2.38) 排好序, 我们就把这个序定义成两个符号序列的序. 下面考虑两个符号序列有一个或多个起首字母相同, 记为 Σ, 然后才是不同的字母, 即

$$x = \Sigma s \cdots,$$
$$y = \Sigma t \cdots, \tag{2.39}$$

且 $s \neq t$ 的情况. 符号 s 和 t 代表两个按 (2.38) 排好序的数值, 由 (2.39) 式得复合函数关系

$$x = \Sigma(s),$$
$$y = \Sigma(t).$$

这时, $\Sigma()$ 应理解为各字母嵌套而成的复合函数. 当 Σ 为偶性时, x 与 y 的大小同 s 与 t 一致; 当 Σ 为奇性时, x 与 y 的大小同 s 与 t 相反. 把 x 和 y 的顺序赋给由它们代表的符号序列, 便得到适用于一切一维映射的排序规则. 具体到抛物线映射, 排序规则是: 当 Σ 含有偶数个字母 R 时, $s > t$ 导致 $x > y$, $s < t$ 导致 $x < y$; 当 Σ 含有奇数个字母 R 时, $s > t$ 导致 $x < y$, $s < t$ 导致 $x > y$.

由临界点 C 开始的轨道具有特殊的重要性. 如图 2.10 所示, 闭区间 $U = [f^{(2)}(C), f(C)]$ 在线段 I 中标出一个范围, 只要迭代过程进入这个范围, 就一直保持在里面不再出来. 这个区间特称为**动力学不变区间**.

　　迭代的初值当然可以取在动力学不变区间 U 以外. 然而, 只要经过有限步迭代, 轨道就会进入区间 U 不再离开. 换言之, 这些初值只带来一个平庸的过渡过程. 由于我们主要关心 $n \to \infty$ 的长时间行为, 今后将只在区间 U 内选取初值. 这样就可以在说明有关符号序列的许多规则时, 简化一些表述.

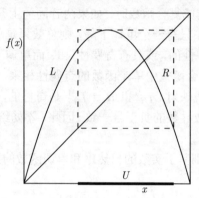

图 2.10　动力学不变区间 U

　　把初值限定在动力学不变区间 U 之内, 任何轨道点都不会超出 U 的最右端, 即 $f(C)$. 由 $f(C)$ 所导致的符号序列有一个专门名字, 叫做**揉序列**(kneading sequence). 根据我们的命名约定 (2.30) 式, $f(C)$ 就是揉序列的名字. 我们常常用字母 K 来特别表示揉序列:

$$K \equiv f(C) = R \cdots. \tag{2.40}$$

现在我们试为抛物线映射的倍周期分岔序列写出相应的揉序列. 首先, 超稳定不动点对应一个字母无限次重复, 因此只能是 C^∞. 我们以后常常省去幂次 ∞, 简单写成 C. 揉序列 C 只出现在一个参量值处. 对这个字母稍加扰动, 字母 C 就变成 L 或 R, 而且按自然序 (2.38) 排列:

$$(L, C, R). \tag{2.41}$$

　　这样, 我们靠连续性考虑, 得到了整个不动点即周期 1 窗口的揉序列. 图 2.11 画出了参量增加时, 不动点由 L^∞ 变到 C^∞, 再变到 R^∞ 的过程. 图中左下角有一

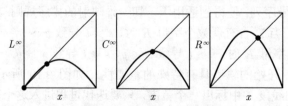

图 2.11　周期 1 窗口对应的映射

个永远不稳定的不动点, 它始终落在动力学不变区间之外, 自然不包含在稳定周期窗口内. 我们在 §6.4 中讲边界激变时还要提到, 它导致满映射的混沌吸引子最终消失. 不动点窗口 (2.41) 的奇偶性是

$$(+, 0, -).$$

只有奇性的揉序列才能产生倍周期分岔, 因为它对应失稳边界

$$f'(\mu, x) = -1.$$

然而, 符号动力学只考虑映射的单调上升或下降, 并不知道 f 函数的具体形状. 正因为如此, 从符号动力学并不能确定倍周期分岔点的位置, 符号序列也不会因为经过分岔点而发生改变. 这就是说, 倍周期分岔点两侧的符号序列是相同的. 为了表示周期 2, 我们把它写成 $R^\infty = (RR)^\infty$. 同样由连续性考虑, 推知周期 2 窗口的揉序列是

$$(RR, RC, RL), \tag{2.42}$$

相应的奇偶性又是

$$(+, 0, -).$$

对比 (2.41) 和 (2.42), 我们在实质上做了一次字母代换:

$$\begin{aligned} R &\to RL, \\ C &\to RC, \\ L &\to RR. \end{aligned} \tag{2.43}$$

不难看出, 这是一个保序和保奇偶性的代换. 对 (2.42) 再做一次代换 (2.43), 就得到周期 4 窗口的揉序列

$$(RLRL, RLRC, RLRR). \tag{2.44}$$

这样无限次重复下去, 就得到整个倍周期分岔序列的揉序列. 如果只把变换 (2.43) 用到超稳定字上, 就得到整个倍周期分岔序列中的超稳定字:

$$\begin{aligned} &C, \\ &RC, \\ &RLRC, \\ &RLRRRLRC, \\ &RLRRRLRLRLRRRLRC, \\ &\quad\vdots \end{aligned} \tag{2.45}$$

除了 C 以外, 这些字都可以提升成方程, 用以计算相应的超稳定参量值. 表 2.1 中的超稳定周期点就是这样计算出来的.

对于任意的超稳定周期序列 $(\Sigma C)^\infty$, 也可以根据连续性考虑, 把字母 C 换成相邻的 L 或 R. 这样得到的 $(\Sigma L)^\infty$ 和 $(\Sigma R)^\infty$ 两个序列, 必然可按前面的排序规则分出大小. 引入记号

$$(\Sigma C)_+ = \max(\Sigma R, \Sigma L),$$
$$(\Sigma C)_- = \min(\Sigma R, \Sigma L), \tag{2.46}$$

于是超稳定周期 ΣC 就扩展成一个窗口

$$((\Sigma C)_-, \Sigma C, (\Sigma_C)_+). \tag{2.47}$$

这就是周期窗口定理[15]. 不难看出, 周期窗口的奇偶性又是

$$(+, 0, -).$$

注意, (2.46) 式中周期窗口里上、下两个序列的下标与其奇偶性并不一致. 这是为了在更复杂的情形下保持记号的一致性, 即只考虑大小, 不照顾奇偶.

我们可以利用周期窗口 (2.47) 来推广 (2.43) 式所定义的字母代换[16], 即

$$R \to (\Sigma C)_+,$$
$$C \to \Sigma C, \tag{2.48}$$
$$L \to (\Sigma C)_-.$$

把这个代换用到超稳定字 ΠC 上, 得到另一个超稳定周期字. 按照德瑞达 (B. Derrida) 等人 1978 年的记法[17], 这个新字写成

$$(\Sigma * \Pi)C,$$

称为 "Σ 和 Π 的 $*$ 乘积", 其中 $\Sigma * \Pi$ 须按文献 [17] 给出的法则计算. 我们以后不再使用他们的定义和记法, 而把 $*$ 乘积写成

$$(\Sigma C) * (\Pi C),$$

并理解成对后面的字实行由 (2.48) 式规定的字母代换. 这样定义的 $*$ 乘积不局限于超稳定字. 字母 C 在这种乘法中起着单位元素的作用. $*$ 乘积是更为普遍的广义合成法则的特例[16]. 本书对广义合成法则和周期窗口定理[15] 的证明与应用不做详述, 只在此指出, 使用 $*$ 乘积表示, 倍周期分岔序列 (2.45) 可以写成

$$(R)^{*n} * C \equiv \underbrace{R * R * \cdots * R *}_{\text{共}n\text{次}} C, \tag{2.49}$$

$n = 0, 1, 2, \cdots$. 当 $n = 0$ 时它给出单位元素 C.

应当指出, 像 (2.47) 那样的周期窗口, 或者 (2.49) 那样的倍周期分岔序列, 是否真会在一个映射中出现, 即在一定的参量区间上存在, 这将依赖于映射函数 f 的具体形状. 符号动力学只给出可能的符号序列, 并不涉及实际窗口的宽度. 例如, 对于人字映射 (1.21), 整个倍周期分岔序列 (2.49) 都压缩到一个参量点上, 即整个窗口的宽度为零. 可以把字提升法用到人字映射, 去计算各个 "超稳定" 周期的参量, 直接验证这一事实.

单峰映射的允字条件很简单. 动力学不变区间 U 中任何迭代点的数值都不能超过右端点 $f(C)$. 表述成符号语言, 就是任何有限或无限长的允许序列 Σ 的各次移位, 都不能超过揉序列 K. 引入移位算子

$$\mathcal{S}s_1 s_2 s_3 \cdots = s_2 s_3 \cdots, \tag{2.50}$$

符号序列 Σ 的允字条件是

$$\mathcal{S}^k \Sigma \leqslant K, \quad k = 0, 1, 2, \cdots. \tag{2.51}$$

如果揉序列 K 不包含临界点 C, 上式中可以不写等号. 揉序列 K 本身也应当满足条件 (2.51):

$$\mathcal{S}^k K \leqslant K. \tag{2.52}$$

因此, 揉序列必须是移位最大序列. 我们看到, 允字条件有两个侧面: 一是满足移位最大条件 (2.52) 的符号序列有可能在一定参量范围或参量点成为揉序列, 从一个揉序列到另一个揉序列要改变参量; 二是给定揉序列 K, 即固定参量之后, 只有满足允字条件 (2.51) 的符号序列才可能对应映射迭代中出现的数值轨道, 从一个允许序列到另一个允许序列要改变迭代初值.

1973 年, 米特罗波利斯 (N. Metropolis) 等人[18] 首先计算了四种不同形式的单峰映射的揉序列, 发现随着参量变大, 它们按同样的顺序出现, 于是把揉序列[①]的这种排列顺序称为 "U 序列", 意思是普适序列. 文献中有时根据文章 [18] 的作者字头, 把 U 序列称为 "MSS 序列". 表 2.2 中列出周期 7 以内的周期揉序列, 并对它们做了一些解释. 表中序号, 按 MSS 的原意, 反映了参量的上升方向.

U 序列或 MSS 序列究竟是否普适? 很容易做反面文章. 仍然取抛物线映射 (2.13), 即

$$x_{n+1} = f(\mu, x_n) = 1 - \mu x_n^2,$$

然后把参量 μ 表示成另一个参量 λ 的非单调函数, 可定义一个新映射

$$x_{n+1} = g(\lambda, x_n) = 1 - \mu(\lambda) x_n^2.$$

① "揉序列" 一词是后来才引入的, 见文献 [19].

表 2.2 周期 7 以内的揉序列

序号	周期	符号序列	说　明
1	1	C	不动点, 主倍周期分岔序列开始
2	2	RC	主倍周期分岔序列中的周期 2
3	4	$RLRC$	主倍周期分岔序列中的周期 4
4	6	RLR^3C	嵌在 2 带区中的周期 3
5	7	RLR^4C	嵌在 1 带区中的第 1 个周期 7
6	5	RLR^2C	嵌在 1 带区中的第 1 个周期 5
7	7	RLR^2LRC	嵌在 1 带区中的第 2 个周期 7
8	3	RLC	嵌在 1 带区中的唯一的周期 3
9	6	RL^2RLC	周期 3 倍周期分岔序列中的周期 6
10	7	RL^2RLRC	嵌在 1 带区中的第 3 个周期 7
11	5	RL^2RC	嵌在 1 带区中的第 2 个周期 5
12	7	RL^2R^3C	嵌在 1 带区中的第 4 个周期 7
13	6	RL^2R^2C	嵌在 1 带区中的第 1 个周期 6
14	7	RL^2R^2RC	嵌在 1 带区中的第 5 个周期 7
15	4	RL^2C	嵌在 1 带区中的唯一的周期 4
16	7	RL^3RLC	嵌在 1 带区中的第 6 个周期 7
17	6	RL^3RC	嵌在 1 带区中的第 2 个周期 6
18	7	RL^3R^2C	嵌在 1 带区中的第 7 个周期 7
19	5	RL^3C	嵌在 1 带区中的最后一个周期 5
20	7	RL^4RC	嵌在 1 带区中的第 8 个周期 7
21	6	RL^4C	嵌在 1 带区中的最后一个周期 6
22	7	RL^5C	嵌在 1 带区中的最后一个周期 7

由于在单调变化 λ 时, 可能多次出现同样的 μ 值, 表 2.2 中的揉序列的某些部分就可能多次按序或反序出现, 破坏 U 序列的普适性. 根据我们的命名约定 (2.30), 每个揉序列对应一个数值. 对于只有一个参量的单峰映射, 把表 2.2 中揉序列的顺序取做参量顺序时, MSS 序列的普适性才充分表现出来. 这一结论具有普遍意义: 多峰映射也必须用它的揉序列来参量化, 才能揭示轨道排序的普适性. 独立的揉序列的数目, 就是必要的参量数目.

我们利用表 2.2 来说明和提出一些问题.

首先, 表中排在最前面的两个周期 6 揉序列, 不难用 $*$ 乘积分解成两个短周期字的乘积:

$$RLR^2C=(RC)*(RLC),$$
$$RL^2RLC=(RLC)*(RC). \tag{2.53}$$

可见 $*$ 乘积是不满足交换律的. 容易验证, $*$ 乘积满足结合律. 所有的揉序列分成两类: 可以分解成更短的字的 $*$ 乘积的复合字, 和不能分解的基本字. 除了 C 和 RC 以外, 所有的基本字都嵌在单带混沌区里.

取一个基本字 Σ, 从左边乘上 RC 的幂次,

$$(RC)^{*n} * \Sigma,$$

也就是对 Σ 实行 n 次字母代换 (2.43)，就得到一个嵌在 2^n 带混沌区中的一个相似于 Σ 的结构. 同样，取周期基本字 ΣC，从右面乘上 RC 的幂次，

$$(\Sigma C) * (RC)^{*n},$$

就得到嵌在 1 带区中的 ΣC 开始的倍周期分岔序列. 在 2 带区中的相似的结构是

$$(RC) * (\Sigma C) * (RC)^{*n},$$

等等.

其次，如果一个符号序列可以分解成多个基本字的 $*$ 乘积，例如

$$(\Sigma C) * (\Pi C) * (\Phi C),$$

其中 ΣC, ΠC 和 ΦC 都是基本字，则最左边的 ΣC 代表大尺度的运动，ΠC 代表中尺度的运动，而最右边的 ΦC 代表最小尺度上的运动. 如果对观察精度实行"粗粒化"，即降低分辨率，忽略小尺度上的运动细节，则在粗粒近似下只剩下最左边基本字描绘的运动. 仍以 (2.53) 中的第一个周期 6 为例，如果忽略在上、下两个混沌带内以 RLC 描述的三个点的差别，则只剩下由 RC 表示的两个带之间的类似周期 2 的跳跃.

运动尺度的差别反映在功率谱的精细结构上. 所谓功率谱，就是对大量轨道点采样后做快速傅里叶变换所得到的谱线[1]. 图 2.12(a) 和 (b) 给出 (2.43) 式中两种不同周期 6 轨道的功率谱示意图. 图 (a) 对应 $(RC) * (RLC)$，即 $6 = 2 \times 3$ 的情形，二分频之后才是三分频；图 (b) 对应 $(RLC) * (RC)$，即 $6 = 3 \times 2$ 的情形，三分频以后才有二分频.

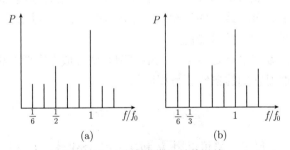

图 2.12   功率谱精细结构示意

(a) $RL * RC$; (b) $R * RLC$; 数字 1 标志基频

功率谱的精细结构对分析实验结构有直接用途. 例如，1981 年有人在浅水波的强迫振动 (法拉第实验) 中观察到"对费根鲍姆倍周期序列的偏离"[21]，在序列

---

① 关于功率谱的基本知识，可参看书 [20] 第 5 章的 5.6 节.

中看到周期 14 而不是周期 16. 不过, 作者给出的功率谱清楚地具有 $14 = 2 \times 7$ 的精细结构, 相当于 $(RC) * (RL^5C)$. 因此, 是测量中漏掉了应有的 $(RC)^{*3}$, 同时又混进来了不属于倍周期分岔序列的信号.

最后, 读者可能已经从上面的叙述中体会到, $*$ 乘积正是刻画单峰映射分岔图中自相似结构的工具. 整个分岔图对应的全部揉序列, 从左端的不动点 L^∞ 到最右面 $\mu = 2$ 处的 RL^∞, 可以简洁地记为

$$[L^\infty, RL^\infty].$$

于是, 从周期 2 起点 $(RR)^\infty$ 到 2 带合并为 1 带的 $RL(RR)^\infty$ 为止的全部揉序列可表示为

$$(RC) * [L^\infty, RL^\infty].$$

图 2.6 所示的周期 3 窗口所引起的倍周期分岔序列及相应的混沌带合并序列, 乃是

$$(RLC) * [L^\infty, RL^\infty].$$

我们考察表 2.2, 再提出一个问题, 即如何确定周期揉序列或周期窗口的数目. 表中周期为 2, 3, 4, 5, 6 和 7 的揉序列, 分别有 1, 1, 1, 3, 5 和 9 个. 我们将在 §5.3 中介绍计算周期数目的几种方法. 对于不很长的周期, 当然可以直接借助排序规则和允字条件产生全部揉序列. 根据普适性考虑, 可对具体的抛物线映射进行计算, 而所得结果适用于全体单峰映射. 文献 [22] 中附有这样的程序.

我们在 §1.4 里介绍了两种分段线性的映射: 人字映射 (1.21)(见图 1.6) 和移位映射 (1.26)(见图 1.7). 符号动力学的基本内容只同映射函数的单调支有关, 并不需要知道函数的具体形状. 因此, 利用分段线性函数可以很好地演示符号动力学的要点. 图 2.13 给出四种分段线性的满映射 (关于 "满" 的详细讨论见 §6.1), 它们概括了两个字母的符号动力学的可能情形.

这四个映射函数在中点处不连续, 因此字母 C 分成左右两个极限 $C_\pm$, 形式上出现 4 个字母, 然而它们的自然序是相同的:

$$L < C_- \leqslant C_+ < R. \tag{2.54}$$

我们马上会看到, 字母 $C_\pm$ 总可以用 R 和 L 的组合代替, 实质上仍只有两个字母的符号动力学, 但是 R 和 L 的奇偶性在各个映射中有所不同.

以移位映射 (图 2.13(a)) 为例. 它的两个单调支都是上升的, 因而没有倒序问题. 它的最大符号序列是最右边的不动点 R^∞, 而最小序列是最左边的不动点 L^∞. C_+ 位于断裂点的右边, 是最小的以 R 打头的序列, 因此只能是 RL^∞. C_- 位于断裂点的左边, 是最大的以 L 打头的序列, 因此只能是 LR^∞. 移位映射的揉序列也

变成两个：$K_+ = f(C_+)$ 和 $K_- = f(C_-)$，它们应分别满足移位最大和移位最小条件.

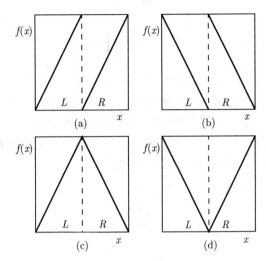

图 2.13 四种满分段线性映射

(a) 移位映射；(b) 反移位映射；(c) 人字映射；(d) 反人字映射

我们把四种映射的最大、最小和临界点序列概括在表 2.3 中.

表 2.3 四种分段线性映射的特征

映射	L	R	最大序列	最小序列	C_-	C_+
移位	$+$	$+$	R^∞	L^∞	LR^∞	RL^∞
反移位	$-$	$-$	$(RL)^\infty$	$(LR)^\infty$	$L(LR)^\infty$	$R(RL)^\infty$
人字	$+$	$-$	RL^∞	L^∞	LRL^∞	RRL^∞
反人字	$-$	$+$	R^∞	LR^∞	LLR^∞	RLR^∞

我们现在引入符号序列

$$\Sigma = \sigma_1\sigma_2\sigma_3\cdots$$

的**度规表示**$\alpha(\Sigma)$，即建立全体符号序列与 $(0,1)$ 区间上实数 α 的对应关系，令最大序列对应 1，最小序列对应 0，而临界点 C 或它的左右极限 $C_\pm$ 都对应 1/2. 具体做法是恰当定义系数 μ_i，使得

$$\alpha(\Sigma) = \sum_{i=1}^\infty \frac{\mu_i}{2^i}. \tag{2.55}$$

以人字映射为例，把 R 和 L 的奇偶记为 $\epsilon_R = -1$ 和 $\epsilon_L = 1$，系数 μ_i 的定义

是

$$
\mu_i = \begin{cases} 1, & \text{如果} \ \displaystyle\prod_{j=1}^{i} \epsilon_j = -1, \\ 0, & \text{如果} \ \displaystyle\prod_{j=1}^{i} \epsilon_j = 1. \end{cases} \tag{2.56}
$$

引入符号序列度规表示的主要目的，是给出允字条件的另一种表述方式. 我们仍然以人字映射为例. 对于不"满"的人字映射，揉序列 K 达不到最大，如图 2.14(a) 所示. 由于 $\alpha(K) < 1$，任何允许的序列 Σ，都必须有 $\alpha(\Sigma) \leqslant \alpha(K) < 1$. 这就是允字条件的度规表示，如图 2.14(b) 所示. 序列 Σ 和它的任意移位的度规都不能落入图 2.14(b) 中的虚线所示的基本禁止区.

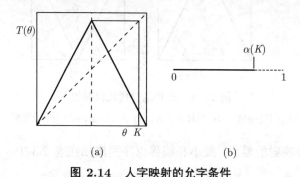

图 2.14　人字映射的允字条件

(a) 揉序列; (b) 度规表示, 虚线是基本禁止区

对于一维映射，允字条件的度规表示好像没有什么好处. 然而，对于二维映射，基本禁止区是二维区域. 基本禁止区在正反映射作用下的像和前像，也都是禁止区. 禁止区可能具有极其复杂的几何结构. 我们留此伏笔，是为有志于钻研二维映射符号动力学[7, 14] 的读者做一点知识准备.

我们把补足表 2.3 所列举的四种映射的最大、最小、临界点序列，以及它们的度规表示，作为习题留给读者. 还要请读者思考，各种情形下揉序列应满足移位最小、最大条件，还是两者都必须考虑.

第 3 章 倍周期分岔序列

本书第 2 章关于抛物线映射的讨论, 主要基于对分岔图的考察和一些数值结果, 同时利用了符号动力学的某些方法. 为了进一步证明那些直观结果, 并从具体事例中得出普遍性的结论, 必须进行必要的数学分析. 这主要有两个方面: 一是引用非线性数学中的分岔理论, 说明在什么条件下会发生倍周期分岔, 为什么分岔后周期必定加倍等等. 这些分析要求对映射函数 f 的性质做出一些具体规定. 二是借助物理学中相变和临界现象理论中行之有效的重正化群方法, 对抛物线映射的标度性质进行研究, 给出计算普适常数 δ 和 α 的途径等等. 这些分析虽然形式上从一定的映射函数 f 出发, 结论却适用于整类映射. 第 2 章 §2.6 关于符号动力学的讨论也不依赖于具体函数, 重正化群的分析会自然建立与符号动力学的关系.

在一定意义上, 一维映射倍周期分岔点的分析, 是反映非线性数学中分岔理论精髓的最简单的事例. 同时, 抛物线映射标度性质和普适常数的研究, 是熟悉重正化群思想的最便捷途径. 有志于进入非线性科学领域的读者, 若下工夫掌握这两方面的基本概念, 今后工作中必定会受益良多.

§3.1 隐函数定理和倍周期分岔

对于线性代数方程组或微分方程, 解的数目是一定的, 不随参量的改变而变化. 而非线性问题则不然. 一般说来, 混沌运动就是经过一系列的突变才发生的. 解的数目发生突变的参量值称为分岔点. 分岔理论的主要内容就是研究非线性方程解的数目如何在参量变化过程中发生突变. 以从周期 1 到周期 2 的倍周期分岔为例, 分岔前只有一个稳定的周期 1 解, 而分岔后有三个解: 两个稳定的周期点和失稳后仍然存在的周期 1 解. 分岔理论给出发生这种分岔的条件, 并说明分岔前后的解的性质.

分岔理论的基本工具是微积分学中的隐函数定理. 自从牛顿第一次使用这个定理以来, 隐函数定理已经在各种数学空间中有多种局部和整体的推广. 我们只需要它的最简单的局部形式. 在此解释一下它的基本精神.

给定一个方程 $G(x, y) = 0$, 它给出 x 和 y 之间某种隐含的依赖关系. 能否从这个方程中解出明显的函数关系 $y = h(x)$ 或 $x = k(y)$, 取决于一些条件. 首先考虑一下全微分

$$dG = \frac{\partial G}{\partial x}dx + \frac{\partial G}{\partial y}dy = 0.$$

显然，如果 $\dfrac{\partial G}{\partial x} \neq 0$，我们就可以求得 $\dfrac{\mathrm{d}y}{\mathrm{d}x}$ 满足的方程；而当 $\dfrac{\partial G}{\partial y} \neq 0$ 时，求得 $\dfrac{\mathrm{d}x}{\mathrm{d}y}$ 的方程. 然后就有希望再进一步求得 $y = h(x)$, $\dfrac{\mathrm{d}h(x)}{\mathrm{d}x}$ 等关系. 一般说来，只能在 x-y 平面的特定点 (x_0, y_0) 附近，当我们确知 $G(x_0, y_0) = 0$ 成立，并且了解 G 和它的偏导数 $\dfrac{\partial G}{\partial x}$、$\dfrac{\partial G}{\partial y}$ 在 (x_0, y_0) 附近的行为时，才能询问在 (x_0, y_0) 附近有没有函数关系 $y = h(x)$ 或 $x = k(y)$ 存在.

最简单的**隐函数定理**可以表述为：当 $G(x_0, y_0) = 0$，而且 $G(x, y)$ 在 (x_0, y_0) 附近可微分，且 $\dfrac{\partial G}{\partial y}$ 在 (x_0, y_0) 处不等于零时，在 (x_0, y_0) 附近存在着唯一的解 $y = h(x)$，满足

(1) 在 (x_0, y_0) 附近, $G(x, h(x)) = 0$ 成立;

(2)

$$\frac{\mathrm{d}h(x)}{\mathrm{d}x} = \frac{\dfrac{\partial G(x, y)}{\partial x}}{\dfrac{\partial G(x, y)}{\partial y}}\Bigg|_{y = h(x)}. \tag{3.1}$$

当然，也可以把定理中的导数条件换成 $\dfrac{\partial G}{\partial x}$ 在 (x_0, y_0) 附近不为零. 把它表述成关于 $x = k(y)$ 和 $\dfrac{\mathrm{d}k(y)}{\mathrm{d}y}$ 的定理.

其实，隐函数定理的威力恰恰表现在某个偏导数等于零时，解的唯一性被破坏，从而出现新解的情况. 倍周期分岔就是一个实例.

倍周期分岔定理：如果映射函数 $f(\mu, x)$ 满足以下条件：

(1) 在 (x, y) 平面中存在一个不动点

$$f(\mu^*, x^*) = x^*,$$

(2) 在此不动点处稳定性条件达到边界 -1, 即

$$\frac{\partial}{\partial x} f(\mu, x)|_* = -1$$

(以后，把 $f|_{x = x^*, \mu = \mu^*}$ 简记为 $f|_*$),

(3) 在此不动点处，混合二阶导数

$$\frac{\partial^{(2)}}{\partial \mu \partial x} f^{(2)}(\mu, x)|_* \neq 0,$$

(4) 在此不动点处，函数 f 的施瓦茨导数 (关于施瓦茨导数更详细的介绍见后面的 §3.3)

$$S(f, x) \equiv \frac{f'''}{f'} - \frac{3}{2}\left(\frac{f''}{f'}\right)^2 < 0, \tag{3.2}$$

则在 x-y 平面中 (μ^*, x^*) 附近一个小小的长方形区域

$$(\mu^* - \eta < \mu < \mu^* + \eta, x^* - \epsilon < x < x^* + \epsilon)$$

内, 在 μ^* 的某一侧 (究竟是哪一侧, 由条件 (3) 中混合导数的正、负号决定) 存在着 $x = f(\mu, x)$ 的唯一的稳定解, 它当然也是 $f^{(2)}(\mu, x) = x$ 的一个平庸解, 在 μ^* 的另一侧存在着 $f^{(2)}(\mu, x) = x$ 的三个解, 其中两个是非平庸的稳定解, 另一个是平庸的不稳定解, 即 $f(\mu, x) = x$ 原来那个稳定解失稳后的产物. 这一情况定性地表示在图 3.1 中. 图中所示的情形, 对应条件 (3) 中的混合导数大于零. 这时 $\mu < \mu^*$ 的稳定周期 1 在 $\mu = \mu^*$ 处失稳, 在 $\mu > \mu^*$ 时作为不稳定的周期 1 继续存在 (虚线). 同时, 在 μ^* 处产生一对稳定的周期解. 如果条件 (3) 中的混合导数小于零, 则分岔的方向也相反.

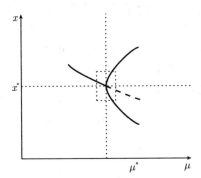

图 3.1　倍周期分岔点附近参量空间和相空间示意图

对常见的映射函数, 往往在整个线段而不仅是不动点处

$$S(f, x) < 0,$$

因此条件 (4) 自动满足. 由于施瓦茨导数在非线性动力学中的重要性, 我们将在 §3.3 里专门介绍它的一些性质和应用.

以上只是表述了倍周期分岔定理, 并没有给出证明. 我们把证明放在下一节中专门叙述, 这里只是先作一点定性说明.

§3.2　倍周期分岔定理的证明

倍周期分岔定理的证明是应用隐函数定理的极好实例, 我们建议有志于深入掌握非线性动力学的读者, 认真地钻研本节的内容.

以下证明过程主要依据古根海默的文章 [19], 只是补足了许多中间步骤, 并且做了一些小小的改进. 为了简化书写, 定理中只考虑映射 f 的不动点分岔为周期 2

的情形. 由于周期 p 轨道中的每一个点, 都是函数 $f^{(p)}$ 的不动点, 只要把证明中的 f 换成 $f^{(p)}$, $f^{(2)}$ 换成 $f^{(2p)}$, 这个定理也就适用于周期 p 轨道分岔成周期 $2p$ 的情形.

我们还要指出, 定理条件 (4) 中的施瓦茨导数会自然出现在证明过程中. 抛物线映射的三阶导数为零, 因而施瓦茨导数在整个线段上都取负值. 在整个映射线段上施瓦茨导数都取负值的映射, 包括相当一批线段映射和圆到圆的映射, 具有一种良好的性质 —— 能够同时共存的稳定周期轨道的数目有明确的上限. 具有负施瓦茨导数的单峰映射, 文献中有时候特称为 "S 单峰映射" [23].

我们在前面讨论抛物线映射的周期轨道时, 不言而喻地认为只有一个稳定周期, 根本没有考虑不同的初值是否会导致其他的稳定周期. 事实上, 数学家们早就注意到单峰映射最多只能有一个稳定周期轨道. 当然, 它可以根本没有稳定周期轨道. 然而, 刻画这一类映射的必要条件却一直到 1978 年才弄清楚. 原来, 映射 $f(x)$ 必须在整个区间 I 上具有负的施瓦茨导数, 它才可能最多有一个稳定的周期轨道 (辛格尔定理 [24]). 我们把施瓦茨导数和辛格尔定理的证明放到 §3.3 中讨论.

我们把定理的证明分成四步:

第一步, 引入一个辅助函数

$$h(\mu, x) \equiv f(\mu, x) - x,$$

于是, f 的不动点 x^* 就成为 h 的零点:

$$h(\mu^*, x^*) = 0.$$

由定理的第二个条件知道

$$\frac{\partial h}{\partial x}\bigg|_* = \frac{\partial f}{\partial x}\bigg|_* - 1 = -2 \neq 0.$$

于是, 根据隐函数定理, 在 μ^* 两侧都存在一个函数 $x = x(\mu)$, 使得 $h(\mu, x(\mu)) = 0$ 在 (μ^*, x^*) 附近成立. 由于 $x = x(\mu)$ 是唯一的, $f(\mu, x) = x$ 的这一个解只在经过 μ^* 时改变稳定性: 稳定不动点失稳或反之. 为了考察稳定性, 我们在计入 $x = x(\mu)$ 依赖性的前提下, 在 (μ^*, x^*) 附近计算决定稳定性的一阶导数

$$\frac{\partial}{\partial x} f(\mu^* + \mathrm{d}\mu, x(\mu^* + \mathrm{d}\mu))$$

$$= \frac{\partial f}{\partial x}\bigg|_* + \left(\frac{\partial^2 f}{\partial x \partial \mu}\bigg|_* + \frac{1}{2} \frac{\partial f}{\partial \mu} \frac{\partial^2 f}{\partial x^2}\bigg|_* \right) \mathrm{d}\mu + \cdots. \tag{3.3}$$

根据定理的第二个条件, 上面第一项等于 -1. 为了计算第二项圆括号中的两组导数之和, 我们考虑出现在定理第三个条件中的混合二阶偏导数. 由复合函数的微分规则, 知

$$\frac{\partial^2 f^{(2)}}{\partial \mu \partial x} = \frac{\partial}{\partial \mu}\left(\left.\frac{\partial f}{\partial x}\right|_{x=f}\frac{\partial f}{\partial x}\right)$$

$$= \frac{\partial}{\partial \mu}\left(\left.\frac{\partial f}{\partial x}\right|_{x=f}\right)\frac{\partial f}{\partial x} + \left.\frac{\partial f}{\partial x}\right|_{x=f}\frac{\partial}{\partial \mu}\left(\frac{\partial f}{\partial x}\right). \tag{3.4}$$

注意，由 $x = x(\mu)$ 依赖性和隐函数微分法则知道，

$$\frac{\mathrm{d}x}{\mathrm{d}\mu} = -\frac{\dfrac{\partial h}{\partial \mu}}{\dfrac{\partial h}{\partial x}} = -\frac{\dfrac{\partial f}{\partial \mu}}{\dfrac{\partial f}{\partial x} - 1},$$

取在不动点处为

$$\frac{\mathrm{d}x}{\mathrm{d}\mu} = \frac{1}{2}\left.\frac{\partial f}{\partial \mu}\right|_*. \tag{3.5}$$

(3.4) 式中两个对 μ 的偏导数

$$\frac{\partial}{\partial \mu}\left(\left.\frac{\partial f}{\partial x}\right|_{x=f}\right) = \left.\frac{\partial^2 f}{\partial x \partial \mu}\right|_{x=f} + \left.\frac{\partial^2 f}{\partial x^2}\right|_{x=f}\frac{\mathrm{d}x}{\mathrm{d}\mu},$$

和

$$\frac{\partial}{\partial \mu}\left(\frac{\partial f}{\partial x}\right) = \frac{\partial^2 f}{\partial x \partial \mu} + \frac{\partial^2 f}{\partial x^2}\frac{\mathrm{d}x}{\mathrm{d}\mu}$$

取在不动点处其实是相同的. 再利用前式，就有

$$\left.\frac{\partial^2 f^{(2)}}{\partial x \partial \mu}\right|_* = -2\left(\left.\frac{\partial^2 f}{\partial x \partial \mu}\right|_* + \frac{1}{2}\frac{\partial^2 f}{\partial x^2}\left.\frac{\partial f}{\partial \mu}\right|_*\right).$$

于是，(3.3) 式成为

$$s = \frac{\partial}{\partial x}f(\mu^* + \mathrm{d}\mu, x(\mu^* + \mathrm{d}\mu))$$

$$= -1 - \frac{1}{2}\left.\frac{\partial^2 f^{(2)}}{\partial x \partial \mu}\right|_* \mathrm{d}\mu + \cdots. \tag{3.6}$$

可见，根据定理第三个条件中混合导数的正、负号，这个解必在 μ^* 的一侧稳定 ($|s| < 1$)，而在另一侧不稳定 ($|s| > 1$). 我们将看到，这个正、负号与倍周期分岔的方向一致.

从上面的讨论中，不能得出关于 $f^{(2)}(\mu, x)$ 的不动点的任何结论. 我们必须定义另一个辅助函数，并且进行与上面类似的分析.

第二步，为了讨论周期 2 的存在和稳定，自然会想到引入辅助函数

$$g(\mu, x) \equiv f^{(2)}(\mu, x) - x.$$

函数 f 的不动点也是 $f^{(2)}$ 的不动点, 因此也是 g 的零点:

$$g(\mu^*, x^*) = 0.$$

我们先计算出 g 的各种导数, 以备后面引用. 首先,

$$\frac{\partial g}{\partial x} = \left.\frac{\partial f}{\partial x}\right|_* \frac{\partial f}{\partial x} - 1,$$

取在不动点处, 有

$$\left.\frac{\partial g}{\partial x}\right|_* = (-1)^2 - 1 = 0,$$

其次, 另一个偏导数

$$\frac{\partial g}{\partial \mu} = \left.\frac{\partial f}{\partial \mu}\right|_{x=f} + \left.\frac{\partial f}{\partial x}\right|_{x=f} \frac{\partial f}{\partial \mu}$$

的两项, 在不动点处相互抵消:

$$\left.\frac{\partial g}{\partial \mu}\right|_* = 0.$$

事情不妙了. 两个偏导数 $\left.\dfrac{\partial g}{\partial x}\right|_*$ 和 $\left.\dfrac{\partial g}{\partial \mu}\right|_*$ 都等于零, 使我们不能运用隐函数定理来判断 (μ^*, x^*) 附近的行为. 这说明 g 并不是恰当的辅助函数. 不过, 在构造一个合适的辅助函数之前, 我们继续计算 g 的高阶导数, 因为后面还要用到它们:

$$\frac{\partial^2 g}{\partial x^2} = \left.\frac{\partial^2 f}{\partial x^2}\right|_{x=f} \left(\frac{\partial f}{\partial x}\right)^2 + \left.\frac{\partial f}{\partial x}\right|_{x=f} \frac{\partial^2 f}{\partial x^2},$$

它又在不动点处消失:

$$\left.\frac{\partial^2 g}{\partial x^2}\right|_* = 0.$$

下一阶导数

$$\frac{\partial^3 g}{\partial x^3} = \left.\frac{\partial^3 f}{\partial x^3}\right|_{x=f} \left(\frac{\partial f}{\partial x}\right)^3 + 3\left.\frac{\partial^2 f}{\partial x^2}\right|_{x=f} \frac{\partial f}{\partial x}\frac{\partial^2 f}{\partial x^2} + \left.\frac{\partial f}{\partial x}\right|_{x=f} \frac{\partial^3 f}{\partial x^3},$$

在不动点处给出

$$\left.\frac{\partial^3 g}{\partial x^3}\right|_* = -2\left.\frac{\partial^3 f}{\partial x^3}\right|_* - 3\left(\frac{\partial^2 f}{\partial x^2}\right)^2.$$

注意到函数 f 的施瓦茨导数

$$S(f, x) = -\frac{f'''}{f''} - \frac{3}{2}\left(\frac{f''}{f'}\right)^2$$

在不动点处是

$$S(f,x)|_* = -f''' - \frac{3}{2}(f'')^2,$$

我们得到

$$\frac{\partial^3 g}{\partial x^3} = 2S(f,x)|_*.$$

它一般不等于零.

第三步, 上面定义的 $g(\mu,x)$ 不能作为辅助函数的根本原因, 在于它把我们已经分析过的 $f = x$ 的不动点也作为零点. 为了消除这个平庸不动点, 应当采用新的辅助函数

$$k(\mu,x) = \frac{g(\mu,x)}{h(\mu,x)} = \frac{f^{(2)}(\mu,x) - x}{f(\mu,x) - x}. \tag{3.7}$$

计算 k 在 (μ^*, x^*) 处的各种导数时, 要多次使用洛必达法则来消除零比零的不定型. 我们跳过细节, 给出计算结果:

$$k(\mu^*, x^*) = 0,$$
$$\left.\frac{\partial k}{\partial x}\right|_* = 0,$$
$$\left.\frac{\partial k}{\partial \mu}\right|_* = -\frac{1}{2}\left.\frac{\partial^2 f^{(2)}}{\partial x \partial \mu}\right|_* \neq 0, \tag{3.8}$$
$$\left.\frac{\partial^2 k}{\partial x^2}\right|_* = -\frac{1}{3}S(f,x)|_* > 0.$$

因此, 隐函数定理保证存在一个函数 $\mu = \mu(x)$, 它在 (μ^*, x^*) 附近使得

$$k(\mu(x), x) = 0.$$

对上式微分两次, 得到

$$\left.\frac{\mathrm{d}\mu(x)}{\mathrm{d}x}\right|_* = 0,$$
$$\left.\frac{\mathrm{d}^2\mu(x)}{\mathrm{d}x^2}\right|_* = -\frac{2}{3}\left.\frac{S(f,x)}{\frac{\partial^2 f^{(2)}}{\partial x \partial \mu}}\right|_*. \tag{3.9}$$

这样, 我们看到 $\mu(x)$ 作为 x 的函数, 在 (μ^*, x^*) 处有一个极值. 定理第三个条件中混合导数的正负号, 决定 (3.9) 第二式 $\left.\dfrac{\mathrm{d}^2\mu(x)}{\mathrm{d}x^2}\right|_*$ 的正负号, 即决定该极值是极大还是极小. 换句话说, $\mu(x)$ 只在 x^* 的一侧存在, 而作为 μ 的函数看, 它有从 (μ^*, x^*) 处出来的两支.

第四步, 分析上面两支解的稳定性. 为此, 我们把一阶导数 $\dfrac{\partial f^{(2)}}{\partial x}$ 在 (μ^*, x^*)

附近展开. 由于 (3.8) 式和定理的第二个条件, 这个展开式中没有 $\mathrm{d}x$ 的一次项, 而只剩下

$$\frac{\partial f^{(2)}}{\partial x}\bigg|_{\mu=\mu(x^*+\mathrm{d}x),x=x^*+\mathrm{d}x} = 1 + \frac{2}{3}S(f,x)\big|_* (\mathrm{d}x)^2 + \cdots. \tag{3.10}$$

根据定理的第四个条件, 在 $\mathrm{d}x$ 足够小时, 这两支解都是稳定的. 由于 (3.6) 和 (3.9) 两式中出现同一个混合导数, 不动点 $f = x$ 的失稳和 $\mu(x)$ 两支稳定解的出现方向一致.

定理证毕.

§3.3　施瓦茨导数和辛格尔定理的证明

施瓦茨导数是复分析中的一个古老概念. 1869 年, 施瓦茨 (H. A. Schwarz) 为函数 $f(x)$ 定义了如下的导数组合:

$$\begin{aligned}
S(f,x) &= \frac{f'''(x)}{f'(x)} - \frac{3}{2}\left(\frac{f''(x)}{f'(x)}\right)^2 \\
&= \left(\frac{f''(x)}{f'(x)}\right)' - \frac{1}{2}\left(\frac{f''(x)}{f'(x)}\right)^2,
\end{aligned} \tag{3.11}$$

其中每一个撇号表示对取 x 一次导数. 定义本身就要求函数 $f(x)$ 具有一、二和三阶导数. $S(f,x)$ 称为 f 的施瓦茨导数. 它也见于微分方程近似求解的鞍点法中[1]. 在一维映射的非线性动力学中, 它自然地出现在倍周期分岔定理的证明, 以及关于对称破缺分岔的分析中[25]. 函数在整个区间上具有负的施瓦茨导数是映射 $f(x)$ 最多具有 $n+2$ 个稳定周期的充分条件, 其中 n 是函数 $f(x)$ 的临界点数目 (辛格尔定理[24]).

我们先列举施瓦茨导数的一些有用性质:

(1) 在施瓦茨导数的作用下, 线性有理分式的行为很像普通导数作用下的常数 1. 设

$$f(x) = \frac{ax+b}{cx+d},$$

其中 a、b、c 和 d 都是常数, 则

$$S(f,x) = 0. \tag{3.12}$$

如果 $g(x)$ 是另一个函数, 则

$$S(f \circ g, x) = S(g, x). \tag{3.13}$$

---

[1] 关于施瓦茨导数的进一步讨论, 可参看 E. Hille, Differential Equations in the Complex Domain, Wiley, 1976, 第 10 章. 对微分方程近似解的应用, 可参看 C. E. Pearson 主编的 Handbook of Applied Mathematics, Van Nostrand, 1974, §12.6.

(2) 如果 f 和 g 都是光滑函数, 则直接计算表明

$$S(f \circ g, x) = S(f, g(x))(g'(x))^2 + S(g, x). \tag{3.14}$$

当 f 是线性有理分式时, 由此利用 (3.12) 式, 即可得 (3.13) 式.

(3) 对于一维映射动力学最重要的性质, 是我们可以根据 (3.14) 式来确定复合函数的施瓦茨导数的正负号. 首先, 如果对于一切 x, 都有

$$S(f, x) < 0, \quad S(g, x) < 0,$$

则由 (3.14) 式, 知

$$S(f \circ g, x) < 0. \tag{3.15}$$

把这一论断中的 "<" 换成 ">", 结果也对. 其次, 如果 f 和 g 是同一个函数, 则由

$$S(f, x) < 0, \quad \forall x,$$

立即知道

$$S(f^{(n)}(x), x) < 0, \quad \forall x. \tag{3.16}$$

(4) 如果 $P(x)$ 是 x 的多项式, 而且 $P'(x) = 0$ 的全部根都是不同的实数, 则

$$S(P(x), x) < 0. \tag{3.17}$$

为了证明此式, 只要根据条件把 $P'(x)$ 写成

$$P'(x) = \prod_{i=1}^{n}(x - a_i),$$

其中各个 a_i 都不相同, 微分后直接代入施瓦茨导数的定义式.

(5) 如果对于所有的 x, $S(f, x) < 0$, 则一阶导数 $f'(x)$ 不能具有正的局部极小值或负的局部极大值. 换言之, 图 3.2(a) 所示的情形都不能出现. 原因很简单. 在 $f'(x)$ 的局部极值处, $f''(x) = 0$, 因此

$$S(f, x) = \frac{f'''}{f'} < 0,$$

即 f''' 同 f' 必须反号. 当 f' 有局部极小时, $f''' > 0$, 故只能有 $f' < 0$; 当 f' 有局部极大时, $f''' < 0$, 只能有 $f' > 0$. 能够允许的情形见图 3.2(b). 这时, f' 在相邻极值之间必须穿过一次横轴, 形成极大值和极小值上下交替的图像.

在继续讨论之前, 我们先回想一下微分学里的中值定理. 如果函数 $f(x)$ 在闭区间 $[a, b]$ 上连续, 且在开区间 (a, b) 上存在导数 $f'(x)$, 则 a 和 b 之间至少有一点 u, 使得

$$f(b) - f(a) = f'(u)(b - a), \tag{3.18}$$

其中 $a < u < b$. 中值定理的一个重要推论是：如果函数 f 有两个相邻的不动点 $f(a) = a$ 和 $f(b) = b$，则将两者相减，得

$$f(b) - f(a) = b - a,$$

由中值定理 (3.18)，我们立即知道在 a 和 b 之间至少有一个导数为 1 的点 u，即

$$f'(u) = 1, a < u < b.$$

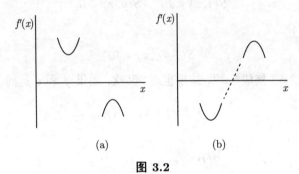

图 3.2

(a) $S(f,x) < 0$ 时 f' 不能出现的极值顺序；(b) $S(f,x) < 0$ 时 f' 可以出现的极值顺序

(6) 如果 $S(f,x) < 0$，f 有三个相继的不动点 $a < b < c$，且 f 在 $[a,c]$ 区间里没有临界点，则 $f'(b) > 1$，即 b 必为不稳定不动点.

这个论断的证明很简单. 由中值定理及其推论知道，在区间 $[a,b]$ 和 $[b,c]$ 里至少各有一个导数为 1 的点，即存在

$$f'(u) = f'(v) = 1, \quad a < u < b < v < c.$$

但是 $f'(x)$ 不能恒等于 1，否则必有 $S(f,x) = 0$ 而不是 $S(f,x) < 0$. 于是 $f'(b)$ 只能或者大于 1，或者小于 1. 然而，$f'(b) < 1$ 是不可能的，因为这样必导致 $f'(x)$ 在 $[u,v]$ 中至少有一个极小值；根据前面第 5 点，这个极小值只能是负的，即 $f'(x)$ 必须经过 0，而这与 $f'(x)$ 在整个 $[a,c]$ 区间上没有临界点的假设矛盾. 这样，就只剩下 $f'(b) > 1$ 一种可能性.

现在我们已经做好了准备，可以着手证明辛格尔定理.

辛格尔定理 (1978)[24]：设映射函数 $f(x)$ 在整个区间上具有负的施瓦茨导数 $S(f,x) < 0$，并具有 n 个临界点，则 $f(x)$ 最多能有 $n + 2$ 个吸引的周期轨道.

我们可以只考虑不动点 $f(p) = p$ 的情形，因为 f 的周期 m 点就是 $f^{(m)}$ 的不动点，而 $S(f,x) < 0$ 导致 $S(f^{(m)}, x) < 0$. 吸引的不动点 p 附近一定有一个连通的区间 $W(p)$，其中的点经迭代后最终都趋向 p，即

$$f^{(k)} \to p, \quad 当 k \to \infty, \quad \forall x \in W(p).$$

$W(p)$ 是一个开区间，因为它是由 $f'(p) < 0$ 规定的。区间 $W(p)$ 在 f 的作用下不变，即

$$f(W(p)) \subset W(p).$$

开区间 $W(p)$ 的左、右两个端点 l 和 r 都不属于 $W(p)$，即 $f(l)$ 和 $f(r)$ 都不能落入 $W(p)$。这里只有四种可能性：

(1) $f(l) = l, \quad f(r) = r$;

(2) $f(l) = r, \quad f(r) = l$;

(3) $f(l) = f(r)$;

(4) l 和 r 之一，或两者，趋向无穷。

对于情形 (1)，运用中值定理及其推论，知道必有两点 u 和 v，满足

$$l < u < p < v < r, \quad f'(u) = f'(v) = 1.$$

由于 $f'(p) < 1$，在 (u, v) 中必有一个极小值点 x_0。根据前面的性质 (5)，这个极小值只能是负的，即 $f'(x_0) < 0$，因而 $f'(x)$ 必须在 (u, v) 内经过零点，从而保证 $f(x)$ 在 (u, v) 中具有至少一个临界点。按照定理的表达方式，如果临界点数目多于一个，也并无影响。

情形 (2) 只须考虑 $f^{(2)}$，就归结为情形 (1)。

至于情形 (3)，根据微分学的中值定理，函数 $f(x)$ 在 (l, r) 中至少有一个临界点 $c, f'(c) = 0$，定理成立。

情形 (4) 难以用上面的方法判断，不过它至多导致两个吸引的轨道。

以上讨论没有涉及另一种特殊情况，即 $W(p)$ 本身包括了映射的一个端点，但并不包含 $f(x)$ 的临界点。只要 $f'(x)$ 在端点处降到足够小的非零值，就可能出现这种局面。不过，这至多导致两个新的吸引轨道，因而也包含在 $n + 2$ 条轨道之中。

上面的叙述，除了最后一段话，均依据文献 [24] 和狄万内的书 [26]。

§3.4   重正化群方程和标度因子 α

费根鲍姆等物理学家们对研究倍周期分岔过程的最重要的贡献，不仅是发现了刻画标度性质的普适常数 δ 和 α (以及后面要介绍的噪声标度因子 κ 和极限集合维数 D_0)，而且更在于引用相变和临界现象理论中行之有效的重正化群思想，给出了决定这些普适常数的方程。事实上，为了掌握相变理论中的重正化群方法，需要有较多的知识准备。而在倍周期分岔现象中，可以借助形象考虑，简捷地推出重正化群方程。

一般说来，重正化群方法特别适用于研究一个系统在尺度变换下的不变性质. 尺度变换下的不变性，通常意味着系统中存在某种分形几何结构，而重正化群方程提供建立在这种分形结构上的分析工具. 在一维映射问题中，符号动力学分析往往又可以提示重正化群方程的形式. 在本书中，我们已经介绍了一些符号动力学的基本概念 (§2.6)，后面还要稍微涉及分形几何 (§7.3)，希望读者能就倍周期分岔序列的实例体会分形几何、符号动力学和重正化群方程三者的密切关系.

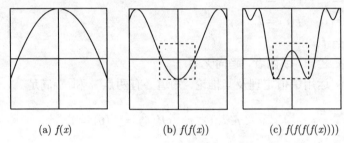

(a) $f(x)$ (b) $f(f(x))$ (c) $f(f(f(f(x))))$

图 3.3   在 $\mu = \mu_\infty$ 附近的抛物线映射

图中给出了 f, $f^{(2)}$ 和 $f^{(4)}$ 的形状

为了较为自然地引出重正化群方程，我们考虑一些函数的图形. 图 3.3(a)，(b) 和 (c)，分别给出了抛物线函数 $f(x)$ 以及 $f^{(2)}(x)$，$f^{(4)}(x)$ 在 $\mu = 1.40$ 处，即很接近倍周期分岔序列的无穷积累的极限点 μ_∞ 时的图形. 在 (b) 和 (c) 两图中，用虚线画出的方框的左下和右上两点分别为 $(-0.4, -0.4)$ 和 $(0.4, 0.4)$. 这里的数值 0.4 近似地等于标度因子的倒数 $\alpha^{-1} = 0.399535\cdots$.

请注意，图 3.3(b) 虚框中的部分，很像是整个图 3.3(a) 适当缩小并对横轴反射的结果. 类似地，图 3.3(c) 虚框中的部分，又很像是整个图 3.3(b) 适当缩小并对横轴反射的结果. 事实上，整个图形对纵轴也要反射一次，只是因为我们所取的抛物线函数在 $x \to -x$ 时不变，这次反射不起作用. 如果换一个左右不对称的单峰函数，在其倍周期分岔序列的极限 μ_∞ 附近画类似的图形，则上述相似性仍然存在，而且可以清楚看到左右反射.

这就是说，就图 3.3 的中心部分而言，

$$f(x)$$

与

$$-\alpha f^{(2)}\left(-\frac{x}{\alpha}\right)$$

相像，

$$f^{(2)}(x)$$

与

$$-\alpha f^{(4)}\left(-\frac{x}{\alpha}\right)$$

相像, 等等. 我们可以定义一个作用在单峰函数上的变换 $\mathcal{F}$, 它的作用就是把函数套用两次, 对纵横两个坐标, 均按某个待定的常数 α 做比例变换, 并反射一次 (即取负号):

$$\mathcal{F}f(x) = -\alpha f^{(2)}\left(-\frac{x}{\alpha}\right) = -\alpha f\circ f\left(-\frac{x}{\alpha}\right). \tag{3.19}$$

再作用一次, 根据定义得

$$\begin{aligned}\mathcal{F}^2 f(x) &= -\alpha \mathcal{F}f^{(2)}\left(-\frac{x}{\alpha}\right) = (-\alpha)^2 f^{(4)}\left(\frac{x}{(-\alpha)^2}\right)\\ &= (-\alpha)^2 f^{(2)}\left(\frac{1}{(-\alpha)}(-\alpha)f^{(2)}\left(\frac{1}{(-\alpha)}\frac{x}{(-\alpha)}\right)\right).\end{aligned}$$

我们有意把 $(-\alpha)$ 因子分开写, 以便套用 (3.19) 式, 得到

$$\mathcal{F}^2 f(x) = -\alpha \mathcal{F}f\left(\mathcal{F}f\left(-\frac{x}{\alpha}\right)\right). \tag{3.20}$$

一直作用 n 次, 得到

$$\mathcal{F}^n f(x) = -\alpha \mathcal{F}^{n-1}f\left(\mathcal{F}^{n-1}f\left(-\frac{x}{\alpha}\right)\right). \tag{3.21}$$

如果在 $n\to\infty$ 时存在极限

$$\lim_{n\to\infty}\mathcal{F}^n f(x) = g(x), \tag{3.22}$$

即可在 (3.21) 式两端取极限, 得

$$g(x) = -\alpha g\left(g\left(-\frac{x}{\alpha}\right)\right). \tag{3.23}$$

这就是决定函数 $g(x)$ 和常数 α 的方程.

上面的讨论基于对图形的直接观察, 没有计入参量 μ 的变化. 实际上, 这种参量变化的效果, 也很难靠肉眼察觉. 然而, 如果从 $f^{(2^{n-1})}$ 和 $f^{(2^n)}$ 的图中取出局部, 加以放大, 还是可以看清楚发生了什么变化. 费根鲍姆最早的文章 [10] 中, 给出过几幅这样的图形, 可惜各图之间的坐标比例没有调整好. 现在把它们重新画在图 3.4 中. 我们要强调指出, 这些图并不是映射的全貌, 而只是取许多不动点中的一个, 比较在改变参量时不动点附近的映射曲线如何变化. 图 3.4(b) 给出了超稳定参量 $\tilde{\mu}_n$ 处 $f^{(2^n)}$ 的坐标原点附近的一个不动点局部的情形.

如果在同一个参量 $\tilde{\mu}_n$ 处, 取出 $f^{(2^{n-1})}$ 的相应局部, 则它就像图 3.4(a) 那样. 图中对角线两头各有一个已经失稳的不动点. 这两个不动点也出现在图 3.4(b) 中,

不过每个不动点附近各增加了两个超稳定不动点. 图 3.4(a) 两个不动点之间还有一个不动点，它来自 $f^{(2^{n-2})}$ 的早已失稳的不动点，并且会一直存在下去：$f^{(m)}$ 的不动点一定是 $f^{(n)}$ 的不动点，只要 $m < n$ 而且 m 是 n 的因子.

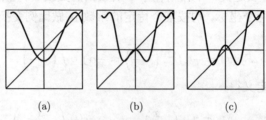

图 3.4　映射函数局部示意

(a) 在 $\tilde{\mu}_n$ 处的 $f^{(2^{n-1})}$ 局部; (b) 在 $\tilde{\mu}_n$ 处的 $f^{(2^n)}$ 局部; (c) 在 $\tilde{\mu}_{n+1}$ 处的 $f^{(2^n)}$ 局部

现在把参量值变到下一个超稳定周期 $\tilde{\mu}_{n+1}$ 处，仍然画出 $f^{(2^n)}$ 的曲线，即图 3.4(c). 适当取此图中的局部，调整纵横坐标比例和对坐标轴反射，可以恢复到图 3.4(a) 那样.

我们看到，"重正化操作"由三件事构成：

(1) 周期加倍;

(2) 参量从 $\tilde{\mu}_n$ 移到 $\tilde{\mu}_{n+1}$;

(3) 调整坐标比例和方向.

因此，重正化变换 (或重正化算子) $\mathcal{F}$ 的更确切的写法是

$$\begin{aligned}
\mathcal{F}f(\tilde{\mu}_n, x) &= -\alpha f\left(\tilde{\mu}_{n+1}, f\left(\tilde{\mu}_{n+1}, \frac{x}{(-\alpha)}\right)\right), \\
\mathcal{F}^2 f(\tilde{\mu}_n, x) &= (-\alpha)^2 f^{(2)}\left(\tilde{\mu}_{n+2}, f^{(2)}\left(\tilde{\mu}_{n+2}, \frac{x}{(-\alpha)^2}\right)\right),
\end{aligned} \tag{3.24}$$

$$\vdots \quad \vdots \quad \vdots$$

费根鲍姆给出了一些合理而不严谨的论据，猜测存在着一个与初始函数 f 的选取无关的极限函数 $g(x)$，

$$\lim_{k\to\infty} (-\alpha)^k f^{(2^k)}\left(\tilde{\mu}_{n+k}, \frac{x}{(-\alpha)^k}\right) = g(x). \tag{3.25}$$

这一结果以后被数学家们严格证明了[27, 28]. 由复合函数的定义知道，

$$f^{(2^k)}\left(\tilde{\mu}_{n+k}, \frac{x}{(-\alpha)^k}\right) = f^{(2^{k-1})}\left(\tilde{\mu}_{n+k}, f^{(2^{k-1})}\left(\tilde{\mu}_{n+k}, \frac{x}{(-\alpha)^k}\right)\right).$$

在上式两端分别取 $k \to \infty$ 极限，得到决定 $g(x)$ 的函数方程

$$g(x) = -\alpha g\left(g\left(-\frac{x}{\alpha}\right)\right). \tag{3.26}$$

这就是费根鲍姆首次得到的重正化群方程. 函数 $g(x)$ 自然是重正化变换 $\mathcal{F}$ 的"不动点" —— 实际上是函数空间里的"不动函数":

$$\mathcal{F}g(x) = g(x). \tag{3.27}$$

于是, 一切事情都升了一级. 原来在线段 I 上讨论实数 x, 它在函数 f (或 $f^{(n)}$) 作用下达到不动点. 而今在单峰函数组成的函数空间中讨论函数 f, 它在重正化变换 $\mathcal{F}$ 作用下达到不动点. 这是函数空间中的不动点, 即一个普适的、不依赖于初始函数 f 的不变函数 $g(x)$. (3.26) 式是决定 $g(x)$ 的函数方程, 它同时应给出"本征值" α.

为了求解方程 (3.26), 需要再加一些条件. 首先是归一条件

$$g(0) = 1. \tag{3.28}$$

其次, 由于 (3.25) 式中是按超稳定点的序列求极限, 自然有导数条件

$$g'(x) = 0. \tag{3.29}$$

然而, 这两个条件还不足以完全确定方程 (3.26) 的解. 事实上, $g(x)$ 在极大值附近的行为也很重要. 把 $g(x)$ 在极大值附近展开:

$$g(x) = 1 + Ax^z + Bx^{2z} + \cdots. \tag{3.30}$$

必须给定幂次 z, 才能单值地确定 $g(x)$. 换言之, 各种各样的单峰函数, 还得按它们在极大值附近的行为划分成普适类 —— 这是我们在 §1.4 中提到过的度规普适类. 具有同一个 z 值的单峰函数, 在 $\mathcal{F}^n$ 作用下趋向同一个 $g(x)$. 当然, $z = 2$ 是最常见的情形.

我们扼要讨论一下如何求解方程 (3.26). 更进一步的分析表明, $g(x)$ 是 $\mathcal{F}$ 的一个双曲型的不动点. 因此, 用数值方法来逼近 $g(x)$ 时必须十分小心: 在沿"稳定方向"收敛到一定程度后, 求解过程会在"不稳定方向"控制下失去收敛性. 通常要在计算过程中不断做修正, 才能达到必要的收敛精度.

下面介绍一种简便的方法, 它可以避免出现不收敛问题. 在展开式 (3.30) 中先保留两项 (取 $z = 2$), 即取

$$g(x) = 1 + Ax^2,$$

把它代入方程 (3.26). 方程右端对 x 展开后, 只保留到 x^2 项. 比较方程两边常数项和 x^2 项的系数, 得到决定 A 和 α 的两个代数方程. 很容易解得 $A_0 = -\alpha_0/2$, $\alpha_0 = 1 + \sqrt{3} = 2.73\cdots$, 后者与精确解 $\alpha = 2.5029\cdots$ 已经相去不远.

下一步, 在展开式 (3.30) 中保留 3 项, 得出决定 α、A 和 B 的 3 个方程. 数值求解时, 以 $(\alpha_0, A_0, 0)$ 作为初值, 不难得到 $\alpha_1 = 2.534\cdots$, $A_1 = -1.5224\cdots$, $B_1 = -0.1276\cdots$ 等等. 这一计算过程很容易程序化, 从而确定 α 和 $g(x)$ 到给定精度.

§3.5　线性化重正化群方程和收敛速率 δ

我们在 §2.2 中已经说过，求解任何非线性方程之后的第一件事，就是对所得到的解进行线性稳定性分析. 就像处理非线性映射的迭代一样，我们构造一个函数迭代过程

$$g_n(x) = -\alpha g_{n-1}\left(g_{n-1}\left(-\frac{x}{\alpha}\right)\right) \tag{3.31}$$

来趋近方程 (3.26) 的解 $g(x)$. 把 $g_n(x)$ 在 $g(x)$ 附近展开，令

$$g_n(x) = g(x) + h_n(x), \tag{3.32}$$

其中 $h_n(x)$ 是个"小"函数，类似 (2.6) 式中的 ϵ_n. 把 (3.32) 式代入 (3.31) 式，其右端是

$$-\alpha\left[g\left(g\left(-\frac{x}{\alpha}\right) + h_{n-1}\left(-\frac{x}{\alpha}\right)\right) + h_{n-1}\left(g\left(-\frac{x}{\alpha}\right) + h_{n-1}\left(-\frac{x}{\alpha}\right)\right)\right].$$

对 h_{n-1} 展开，并且只保留到 h_{n-1} 的线性项时，剩下

$$-\alpha\left[g\left(g\left(-\frac{x}{\alpha}\right)\right) + g'\left(g\left(-\frac{x}{\alpha}\right)h_{n-1}\left(-\frac{x}{\alpha}\right)\right) + h_{n-1}\left(g\left(-\frac{x}{\alpha}\right)\right)\right].$$

利用不动点方程 (3.26)，消去两端第一项后，有

$$h_n(x) = -\alpha\left[h_{n-1}\left(g\left(-\frac{x}{\alpha}\right)\right) + g'\left(g\left(-\frac{x}{\alpha}\right)\right)h_{n-1}\left(-\frac{x}{\alpha}\right)\right]. \tag{3.33}$$

关于"小"函数 $h_n(x)$，我们做一个假定，即它由同一个函数 $h(x)$ 决定：

$$h_n(x) = \frac{h(x)}{\delta^n}, \tag{3.34}$$

其中常数 δ 应大于 1，才能保证 $h_n(x)$ 随 n 增加而变小. 于是，(3.33) 式成为关于 $h(x)$ 的齐次线性函数方程

$$h(x) = -\alpha\delta\left[h\left(g\left(-\frac{x}{\alpha}\right)\right) + g'\left(g\left(-\frac{x}{\alpha}\right)\right)h\left(-\frac{x}{\alpha}\right)\right]. \tag{3.35}$$

引入一个线性算子

$$\mathcal{L}h(x) \equiv -\alpha\left[h\left(g\left(-\frac{x}{\alpha}\right)\right) + g'\left(g\left(-\frac{x}{\alpha}\right)\right)h\left(-\frac{x}{\alpha}\right)\right]. \tag{3.36}$$

由于 $g(x)$ 已经求出来，$\mathcal{L}$ 的作用是完全确定的. 方程 (3.35) 乃是线性算子 $\mathcal{L}$ 的方程

$$\mathcal{L}h(x) = \frac{1}{\delta}h(x). \tag{3.37}$$

只有对于特定的本征值 $1/\delta$, (3.37) 式才能有非零的 $h(x)$ 解. 因此, 问题就归结为求解方程 (3.37) 的本征值谱. 对于一个函数方程, 可能存在无穷多个本征值. 我们主要关心那些大于 1 的本征值. 具体计算过程依赖于如何把函数 $h(x)$ 和算子 $\mathcal{L}$ 表示出来. 费根鲍姆用数值方法求得本征值谱, 并且判断只存在一个大于 1 的本征值. 事实上, 费根鲍姆还构造了另一组本征函数

$$\Psi_\rho = [g(x)]^\rho - x^\rho g'(x).$$

其第一项是 $g(x)$ 的 ρ 次幂, 因此取 $\rho \geqslant 1$ 是合理的. 把算子 $\mathcal{L}$ 作用到 $\Psi_\rho(x)$ 上, 并且利用 $g(x)$ 满足的重正化群方程 (3.26) 进行简化, 得到

$$\mathcal{L}\Psi_\rho(x) = (-\alpha)^{1-\rho}\Psi_\rho(x).$$

可见 $\Psi_\rho(x)$ 果然是本征函数, 其本征值在 $\rho \geqslant 1$ 时小于 1. 费根鲍姆猜测, 线性算子 $\mathcal{L}$ 的本征值问题 (3.37) 只有 $h(x)$ 和 $\Psi_\rho(x)$ 两组本征函数, 而大于 1 的本征值 δ 只有一个. 我们在 §2.3 中给出的 δ 的高精度数值, 是后来人们用对不稳定周期展开的方法算得的[11].

§3.6   外噪声和它的标度因子 κ

在现实世界中, 混沌总是披着噪声的外衣. 即使进行计算机实验, 也要受到舍入误差的影响. 一个完整的理论, 必须提供区分噪声和混沌的手段, 同时计入噪声对标度性质的影响. 我们将在第 7 章里介绍如何区分混沌与噪声, 这里先讨论噪声可能产生的影响.

我们已经知道, 混沌行为和与之密切相关的分岔结构, 无论从参量空间或相空间看, 都包含着许多细致的内部层次. 例如, 2^n 倍周期轨道的序列或由 2^n 个 "岛屿" 组成的混沌等, 加入有限的外噪声后, 小到一定程度的精细结构就会被抹平而无法看到. 要多看到一个新的层次上的精细结构, 就必须相应地降低噪声水平. 这要由一个新的噪声标度因子来刻画. 事实上, 噪声在混沌理论中起着更为积极的作用. 同相变理论对比, 有助于更深刻地理解这一点.

一块磁铁处于居里温度 T_c 之上时, 平均磁矩为零, 表现不出宏观磁性. 在 $T < T_c$ 时, 出现不为零的平均磁矩. 平均磁矩是一个序参量. 非零的序参量意味着出现了一种新序, 或新的 "相". 在没有外磁场存在时, 处于 $T = T_c$ 的磁铁中可以自发地出现非零的平均磁矩, 这就是磁铁的自发磁化. 然而, $T \neq T_c$ 时, 一定的外加磁场也可以诱导出不为零的磁矩. 要想完整地描述磁铁的状态变化, 就必须考虑温度和磁场这两个参量张成的 "相平面". 磁场是同序参量耦合, 可以诱导出非零磁矩的**共轭场**. 相变现象的标度理论, 是靠温度和磁场这两个参量建立的, 它们对应重正化群分析中的有关参量. 我们在 §4.3 中, 还要回到同相变的对比.

在倍周期分岔的标度理论中, 控制参量 μ 起着类似温度的作用. 混沌不是无序, 在分析一个系统的参量空间或者考察一条无穷长的轨道时, 都会发现某种整体性的结构或"序". 然而, 如果在一个特定的混沌转变点附近, 观察有限长的一条轨道, 混沌看起来就很像是一种无规运动. 在这个意义上, 外噪声起着某种共轭场的作用, 它可以在系统中诱发混沌行为, 使混沌转变较早发生.

为了计入外噪声的影响, 我们在非线性映射 (2.1) 中加入一个强度为 σ 的随机的外源项:

$$x_{n+1} = f(\mu, x_n) + \sigma\xi_n. \tag{3.38}$$

这里 ξ_n 是遵从某种统计分布 (例如在区间 $(-1,1)$ 上均匀分布或具有高斯分布) 的随机数, 其平均值和关联满足

$$< \xi_n >= 0, \quad < \xi_n\xi_m >= \delta_{nm}, \tag{3.39}$$

δ_{nm} 是克罗内克尔符号, $\delta_{nn} = 1$, $\delta_{nm} = 0$ 当 $n \neq m$.

1908 年, 朗之万在研究布朗运动时引入了包含随机外力的微分方程, 后来称之为朗之万方程. 迭代关系 (3.38) 可以看做是一种离散化的朗之万方程. 下面, 我们不加推导, 而是以对比的方式, 来说明理论的要点.

我们知道, 愈是接近临界点 $x = 0$, 单峰映射 $f(x)$ 就更接近普适函数 $g(x)$. 对于两次嵌套的 $f^{(2)}$ 也是如此. 我们可以把这种对应关系示意地写成

$$f(x) \to g(x),$$
$$f^{(2)}(x) \to g^{(2)}(x) = \alpha^{-1}g(\alpha x),$$

其中第二式里明显使用了普适函数 $g(x)$ 所满足的重正化群方程 (3.26), 并且把负号吸收进 α 的定义. 现在设 $x = 0$ 附近有小噪声 ξ, 把上面的对应关系改变成

$$f(x) + \xi \to g(x) + \xi D(x),$$
$$(f + \xi)^{(2)}(x) \to (g + \xi D)^{(2)}(x).$$

其中 $D(x)$ 是一个新的普适的标度函数 —— 方差函数. 我们要求上面第二式的右端满足同 (3.26) 类似的重正化群方程, 即

$$(g + \xi D)^{(2)}(x) = \alpha^{-1}[g(\alpha x) + \xi\kappa D(\alpha x)]. \tag{3.40}$$

这里引入了一个新的噪声标度因子 κ, 因为没有理由要求用一个标度因子 α 来同时标度两个函数 $g(x)$ 和 $D(x)$. 把 (3.40) 式左端明显地写出来, 有

$$(g + \xi)^{(2)}(x) = g\left(g(x) + \xi_1 D(x)\right) + \xi_2\left(g(x) + \xi_1 D(x)\right). \tag{3.41}$$

这里使用了两个随机数 ξ_1 和 ξ_2，因为两次迭代中一般要遇到两个不同的随机数. 把 (3.41) 式展开到小噪声 ξ 的一次项，并且利用重正化群方程 (3.26)，得到

$$(g + \xi D)^{(2)}(x) = \alpha^{-1} g(\alpha x) + \xi_1 g'\left(g(x)\right) D(x) + \xi_2 D\left(g(x)\right).$$

我们不能简单地令上式等于 (3.40) 式的右端，因为后者还包含了另一个随机数 ξ. 然而，由条件 (3.39) 和高斯分布随机数之和的性质知道，这些随机数的系数的平方应满足关系式

$$\left[g'(g(x))D(x)\right]^2 + \left[D(g(x))\right]^2 = \alpha^{-2}\left[\kappa D(\alpha x)\right]^2. \tag{3.42}$$

现在定义一个作用到 $[D(x)]^2$ 的线性算子

$$\mathcal{N}[D(x)]^2 \equiv \alpha^2 \left\{ \left[D(g(x))\right]^2 + \left[g'(g(x))D(x)\right]^2 \right\}, \tag{3.43}$$

它与 §3.5 中引入的线性算子 $\mathcal{L}$ 很相像. 于是，(3.42) 式写成

$$\mathcal{N}[D(x)]^2 = \kappa^2 [D(x)]^2. \tag{3.44}$$

我们看到，κ^2 是这个线性算子的本征值. 方程 (3.43) 和 (3.44) 具有同线性化的倍周期分岔重正化群方程 (3.36) 和 (3.37) 类似的结构. 事实上，用数值方法求 δ 和 $h(x)$，或计算 κ^2 和 $[D(x)]^2$，可以使用同一个程序. 对于以抛物线为代表的单峰映射，普适常数 $\kappa = 6.61903 \cdots$[29].

反复套用重正化群方程 (3.26)，可以求得

$$g^{(2^n)}(x) = \alpha^{-n} g(\alpha^n x). \tag{3.45}$$

它表明 $g^{(2^n)}(x)$ 的局部，要放大 α^n 倍后才与原来的单峰映射相当. 有外噪声存在时，反复套用 (3.40) 式，有

$$(g + \xi)^{(2^n)}(x) = \alpha^{-n}[g(\alpha^n x) + \xi \kappa^n D(\alpha^n x)]. \tag{3.46}$$

这就是说，要使噪声在 2^n 次迭代后的影响与原来单峰函数相当，必须把函数 $\xi D(\alpha^n x)$ 放大 α/κ 倍. 由于 $\alpha/\kappa = 0.3781 \cdots < 1$，实际上是每次倍周期时，应把噪声部分缩小 $\kappa/\alpha \approx 2.645$ 倍. 这就是噪声标度因子 κ 的物理意义.

现在我们概括一下 §3.4 到 §3.6 中所做的事情. 我们从重正化群方程 (3.26) 定出了普适函数 $g(x)$ 和相应的标度因子. 然后，在 $g(x)$ 附近以两种方式实行线性化. "确定论"的线性化导致普适函数 $h(x)$ 和相应的本征值 δ(倍周期序列的收敛因子)；"随机性"的线性化导致了普适函数 $D(x)$ 和相应的本征值 κ(噪声标度因子). 它们之间的关系示意在表 3.1 中.

表 3.1 与倍周期序列有关的普适性质

普适函数	普适指数
$g(x)$	α—— 相空间中的标度因子
$h(x)$	δ—— 参量空间中的收敛速率
$D(x)$	κ—— 噪声标度因子

实际上还有另一个普适指数，即反映倍周期分岔序列极限轨道的稀疏结构的分维 $D_R = 0.538\cdots$，我们在 §7.4 中再讲。

至于这些函数和指数的"普适性"，其实是大有限制的。迄今给出的 $\alpha, \delta, \kappa, D_R$ 的数值，都只适用于和抛物线映射属于同一个度规普适类的单峰映射，即在极大值附近的展开式 (3.30) 中 $z = 2$ 的情形。如果 $z \neq 2$，这些指数的值也不一样。我们省略细节，仅仅在此指出，$\alpha(z)$ 和 $\delta(z)$ 在 $z \to \infty$ 的行为，由于数值计算的困难，曾经引起过几年争议，才得到最终解决。原来 $z \to 1$ 和 $z \to \infty$ 两个极限都有收敛甚慢的问题，而极限本身为[30]

$$\alpha(1) = \infty, \qquad \alpha(\infty) = 1;$$
$$\delta(1) = 2, \qquad \delta(\infty) = 29.8\cdots.$$

其中 $\delta(1) = 2$ 是早就知道的理论结果，但 $z \to 1^+$ 时收敛极其缓慢。

更重要的是，§3.4 到 §3.6 中列举的普适指数的数值只适用于周期 2^n，$n \to \infty$ 的倍周期序列。在单峰映射的参量轴上，还可以挑选出无穷多种其他周期的序列，例如周期为 $3^n, 4^n, 5^n, \cdots$ 的序列。它们也具有相应的标度性质和普适指数，但数值却大不相同。我们在 §4.5 中再继续讨论 l 倍周期序列的性质。

第 4 章 切 分 岔

抛物线映射分岔图 2.5 的混沌带中，最显而易见的周期窗口是周期 3. 这个周期窗口附近的一段分岔图，已经放大显示在图 2.6 中. 细致地观察周期 3 窗口的出现和发展过程，可以提出和理解许多深刻的问题. 这一章将集中研究周期 3 窗口附近的现象. 事实上，这里发生的一切现象，同样存在于其他周期窗口中. 在抛物线映射中，周期 3 是能够看到这些现象的最短周期，也是最宽的窗口，因而数值计算中也最易于观察.

§4.1 周期 3 的诞生

我们提出的第一个问题是周期 3 是怎样诞生的. 3 是奇数，这个轨道不可能来自倍周期分岔. 对于抛物线映射 (2.13)，周期 3 窗口起点的准确参量值为 $\mu = 1.75$(后面要计算它). 图 4.1 画出了对应这个参量的 $f(\mu, x)$ 和 $f^{(3)}(\mu, x)$ 曲线. 我们看到 $f^{(3)}$ 有 4 个不动点，其中一个是继承了 f 的不稳定不动点，而另外 3 个恰好与分角线 $y = x$ 相切. 切点处 $f^{(3)}$ 的导数为 +1，这正是稳定性条件 (2.11) 的一个边缘. 我们已经知道另一个边缘 −1 对应倍周期分岔. 这里会发生什么事情呢?

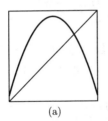 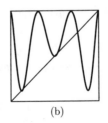

(a)   (b)

图 4.1 在 $\mu = 1.75$ 处的 f 和 $f^{(3)}$ 函数

(a) $f(x)$; (b) $f(f(f(x)))$

如果把参量值增加到略大于 1.75，则每一个切点都越过分角线变成两个交点. 用一点初等几何知识，很容易证明在两个交点处的曲线斜率分别大于或小于 1. 证明如下.

在任何切点附近，$f^{(3)}$ 的局部行为都可以用抛物线描述. 又是抛物线! 把坐标原点移到抛物线与分角线相切处，抛物线的方程可以写成 (见图 4.2(a))

$$y = x + ax^2, \tag{4.1}$$

其中常数 a 在 $f^{(3)}$ 的每个切点处取不同的值. 然而, 这并不重要, 可以不管它. 把抛物线往下推一点点, 变成

$$y = -\epsilon + x + ax^2, \tag{4.2}$$

其中小量 $\epsilon > 0$. 它与分角线 $y = x$ 交于 $x = \pm\sqrt{\frac{\epsilon}{a}}$ 处, 相应斜率为

$$y' = 1 \pm \sqrt{2a\epsilon}.$$

当 ϵ 很小时, 它们分别大于和小于 1, 见图 4.2(b).

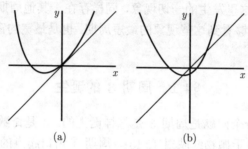

图 4.2　一个切点附近的映射局部示意

(a) $\epsilon = 0$; (b) $\epsilon > 0$

这就是说, $f^{(3)}$ 现在有了 3 个稳定不动点和 3 个不稳定不动点. 对于 f 而言, 它们分别给出一条稳定的周期 3 轨道和一条不稳定的周期 3 轨道. 它们对应函数

$$g(\mu, x) \equiv \frac{f^{(3)}(\mu, x) - x}{f(\mu, x) - x}$$

的 6 个零点 (用 $f - x$ 除, 就排除了从 f 继承来的那个平庸不动点). 在周期窗口开始处, 两条周期 3 轨道退化成同一条轨道. 因此, 这时方程

$$g(\mu, x) = 0$$

有 3 个二重根. 换言之, $g(\mu, x)$ 应当能表示为完全平方

$$g(\mu, x) = (Ax^3 + Bx^2 + Cx + D)^2.$$

比较上式两端 x 的各次幂的系数, 会得到 7 个方程来决定 A, B, C, D 这 4 个系数. 因此, 这 7 个方程必须再满足一些补充条件, 才能互相兼容. 对于抛物线 (2.13), 直接计算表明, 兼容条件是

$$4\mu = 7.$$

这就定出了周期 3 窗口起点的参量值 $\mu = 1.75$.

上面的讨论说明了切分岔一词的由来. 每个切分岔点处, 诞生一对周期相同的稳定和不稳定的周期轨道. 同倍周期分岔类似, 可以借助隐函数定理对切分岔进行彻底的分析. 分析过程与前面倍周期分岔定理的证明基本平行, 甚至稍为简单. 我们把切分岔定理的证明留给乐于钻研的读者, 这里只表述最终结果.

切分岔定理[19]: 如果映射函数 $f(\mu, x)$ 满足以下条件:

(1) 在 (μ, x) 平面中存在一个不动点

$$f^{(n)}(\mu^*, x^*) = x^*,$$

(2) 在此不动点处, 达到稳定边界 $+1$, 即

$$\frac{\partial}{\partial x} f^{(n)}(\mu, x)|_* = +1,$$

同前面倍周期分岔定理的证明过程一样, 这里用 $f|_*$ 表示 $f|_{\mu^*, x^*}$,

(3) 在此不动点处, $f^{(n)}$ 对参量 μ 的偏导数不为零, 即

$$\frac{\partial}{\partial \mu} f^{(n)}(\mu, x)|_* \neq 0,$$

(4) 同时, 二阶偏导数也不等于零:

$$\frac{\partial^2}{\partial x^2} f^{(n)}(\mu, x)|_* \neq 0,$$

则在 (μ^*, x^*) 附近存在一个小区域, 例如长方形 (从 $\mu^* - \eta$ 到 $\mu^* + \eta$, 从 $x^* - \epsilon$ 到 $x^* + \epsilon$), 在其中 $\mu > \mu^*$ 或 $\mu < \mu^*$ 的一半 (这与上面条件 (3) 和条件 (4) 中两个非零导数的相对符号有关), $f^{(n)} = x$ 有两个实数解, 一个稳定, 一个不稳定, 而在另一半中 $f^{(n)} = x$ 没有实数解.

形象地说, 随着 $f^{(n)} = x$ 的一对复根在切分岔处变成两个实根, 从混沌带中突然冒出来 f 的一条周期 n 轨道. 同时, 还有一条不稳定的周期 n 轨道诞生, 不过要采取特别的计算办法才能看到它. 然而, 在这一对周期轨道出现之前, 即 $\mu < \mu^*$ 但很接近后者时, 混沌运动已经表现出一些新的特点, 它预示着周期轨道即将诞生. 这就是下面要研究的阵发混沌现象.

§4.2 阵发混沌的几何图像

图 4.3 是抛物线映射 (2.13) 在参量 $\mu = 1.749$ 时的迭代过程. 图中有些时间段落, 运动十分接近周期过程, 而在规则的运动段落之间, 夹杂着看起来很随机的跳跃. 人们往往把这里的规则运动称为"层流相", 而把随机跳跃称为"湍流相". 不过, 这些名词用法, 与一般湍流理论中不同, 读者宜加以注意. 观察江河激流中大

片流体的运动, 可见湍流与非湍流部分之间有明显的边界. 边界线的形状无规也不
固定, 而是随流体运动不断变化. 如果在边界附近取一个固定的观察点, 则这个点
忽而落入湍流区, 忽而置身区外, 这个点的流速变化就会呈现出湍流与层流随机交
替的 "阵发" 行为. 我们在本节所讨论的阵发混沌, 只是迭代过程的时间行为, 完
全不涉及空间分布. 这种意义下的阵发混沌, 最早见于洛伦茨模型 (1.11) 的数值试
验[31]. 玻姆 (Y. Pomeau) 和曼维尔 (P. Manneville) 用一维映射清楚地说明了阵发
混沌的机理[32].

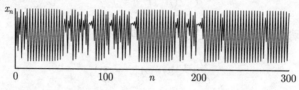

图 4.3   发生在参量值 $\mu = 1.749$ 处的阵发混沌

我们回到图 4.1(b) 所示的 $f^{(3)}$ 和分角线的相切. 图中每一处切点附近的局部
情形都如图 4.2(a) 那样. 把参量值略为缩小, 3 个切点全部消失, 但在原来的切点
处, $f^{(3)}$ 和分角线之间留下一条缝隙. 图 4.4 为抛物线映射画出了 $\mu = 1.745$ 的 $f^{(3)}$
曲线. 图中右上角的狭缝很难辨认, 但图的中间部分和左下方两处切点附近的狭缝
清楚可见. 如果把参量调整到 $\mu = 1.74999$, 则这些狭缝就都难以用肉眼觉察. 但是
在迭代过程中, 当一个轨道点落到某一条狭缝的 "入口" 附近时, 它就必须再经历
许多次迭代, 才能从狭缝中穿过去, 见图 4.5. 这一组迭代点 $\{x_i\}$ 在数值上很接近,
给出图 4.3 中规整的 "层流相". 一旦轨道从狭缝中穿出, 就要经历若干大步子的
跳跃 ("湍流相"), 再落到某一条狭缝的入口附近, 重复以上过程. 这就是阵发混
沌的几何图像. 这种图像提供了很好的基础, 对阵发混沌实行更为定量的刻画.

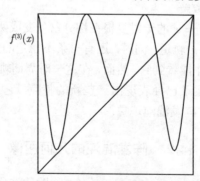

图 4.4 $\mu = 1.745$ 时抛物线映射 $f^{(3)}$ 的图形

在图 4.5 所示的狭缝中, 迭代过程可由下式描述:

$$x_{n+1} = x_n + ax_n^2 + \epsilon \tag{4.3}$$

(请对比前面的 (4.2) 式), 其中 $\epsilon > 0$ 为小参量, 它比例于参量 μ 到切分岔起点 μ_0 的距离,

$$\epsilon \propto |\mu - \mu_0|. \tag{4.4}$$

当 ϵ 很小, 狭缝中迭代次数很大时, 可以取

$$x_{n+1} - x_n = \frac{\Delta x}{\Delta n} \approx \frac{\mathrm{d}x}{\mathrm{d}n} \tag{4.5}$$

($\Delta n = 1 \ll n$). 于是 (4.3) 式导致微分方程

$$\frac{\mathrm{d}x}{\mathrm{d}n} = ax^2 + \epsilon. \tag{4.6}$$

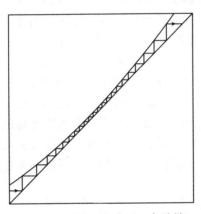

图 4.5　迭代过程穿过一条狭缝

迭代关系 (4.3) 只适用于狭缝处. 设在图 4.5 所示的以狭缝中心为原点的坐标系中, 从"入口"到"出口"的 x 坐标为从 $-L$ 到 L, 于是积分 (4.6) 式, 得到迭代步数

$$n = \int_{-L}^{L} \frac{\mathrm{d}x}{ax^2 + \epsilon} = \frac{2}{\sqrt{a\epsilon}} \arctan\left(\frac{L}{\sqrt{\epsilon/a}}\right). \tag{4.7}$$

实际上, 由于在不同狭缝之间的随机跳跃, 每次"入口"和"出口"的位置 L 都会有些改变, 我们应对 (4.7) 式中的 L 再做一次平均. 不过这一点并不重要, 因为 ϵ 很小时, 反正切函数的值总是很接近 $\pi/2$, 于是平均迭代次数为

$$n = \frac{\pi}{\sqrt{a\epsilon}} \propto \epsilon^{\frac{1}{2}} \approx \sqrt{|\mu - \mu_0|}. \tag{4.8}$$

这里重要的是: 当 $\epsilon \to 0$ 时, 平均迭代次数按 $\epsilon^{1/2}$ 发散. 这相当于普通铁磁相变理论中"平均场"近似的结果. 同相变理论一样, 还可以进一步在标度性质和重正化群两个层次上描述. 我们将在下面两节中分别讨论阵发混沌理论的这两个方面.

上面的讨论实际上没有用到周期 3 窗口的任何具体性质，因此也适用于其他所有切分岔窗口的起始点附近. 事实上，在许多微分方程描述的系统，例如周期驱动的布鲁塞尔振子[33] 和与光学双稳有关的延时微分方程[34] 中，都曾观察到阵发混沌. 与切分岔相联系的阵发混沌，玻姆和曼维尔称之为第 I 类阵发混沌. 他们还提出了第 II 类和第 III 类阵发混沌的概念和实例[32]，这里不再介绍.

§4.3   阵发混沌的标度理论

相变理论在 1970 年以后的重大进展，使威尔逊 (K. Wilson) 在 1982 年因为引入重正化群方法而获得了诺贝尔物理学奖. 重正化群理论的前奏是 20 世纪 60 年代后期卡丹诺夫 (L. Kadanoff) 等人发展的标度理论. 为了掌握相变的重正化群理论，必须有坚实的数学基础，甚至懂得量子场论①. 标度理论则比较浅显透明、易于理解. 然而，标度理论必须从一些合理的假定出发，这些假定的正确性只有在与实验对比中检验或在重正化群理论中才能证明. 有志于研究复杂系统行为的读者，应当下工夫掌握标度理论和重正化群技术. 阵发混沌的分析，恰好又为此提供了一个不需高深数学知识的实例. 因此，我们用一些篇幅来加以介绍.

标度理论的一种表达方式，就是假定相变点附近物理系统的热力学量是**广义齐次函数**. 什么是广义齐次函数呢? 一个多变量函数 $g(x, y, \cdots)$，如果把它的所有自变量都放大同一倍数 l (即实行"标度变换")，而整个函数只增加了一个因子 l^m：

$$g(lx, ly, \cdots) = l^m g(x, y, \cdots), \tag{4.9}$$

我们把这样的函数叫做 m 阶的齐次函数. 例如，$x^2 + xy + y^2$ 就是一个 2 阶齐次函数. 在上式两端对 l 取导数，然后令 $l = 1$，就得到任何 m 阶齐次函数都满足的欧拉方程

$$x\frac{\partial g}{\partial x} + y\frac{\partial g}{\partial y} + \cdots = mg. \tag{4.10}$$

微分算子 $x\frac{\partial}{\partial x} + y\frac{\partial}{\partial y} + \cdots$ 称为拉伸 (dilation) 算子. 如果在 (4.9) 式左面必须用 l 的不同幂次来标度各个自变量，才能在右面"挤出"同一个因子 l^m，g 就是一个广义齐次函数. 我们把公共因子移到另一面，写成

$$g(x, y, \cdots) = l^{-m} g(l^\rho x, l^\nu y, \cdots). \tag{4.11}$$

不难为广义齐次函数写出推广的欧拉方程②.

---

① 关于相变理论的一般进展，可以参看于渌、郝柏林和陈晓松撰写的《边缘奇迹: 相变和临界现象》一书[35]. 对重正化群方法有兴趣的读者，可参考文献 [36] 的第一、二章及其所引文献.

② 如果广义齐次函数还包含参量，而且参量也必须同时做一定变换，才能"挤出"共同的因子 l^m，则相应的推广的欧拉方程就相当于量子场论重正化群理论中的 Callen-Symanzik 方程.

　　广义齐次函数具有许多美妙的性质. 例如, 它们的微分、积分、傅里叶变换等等, 都是各种不同阶的广义齐次函数.

　　为了看清楚广义齐次函数怎样出现在相变的标度理论中, 让我们设想有一块磁铁, 它的温度很接近相变点 (居里点)T_c, 同时处于外磁场 H 中. 通常把 T 和 H 变成无量纲的 t 和 h. 例如, 可以取 $t = |T - T_c|/T_c$ 等等. 在 $t \to 0$ 时, 磁铁中磁矩的取向形成大大小小的涨落花斑. 把磁铁分割成尺寸为 l 的许多小块, 每一块具有某种取向的平均磁矩. 把每个小块的平均磁矩标度成一个新的小磁矩, 它们在大块磁铁中的取向又构成另一幅涨落花斑的图像. 这种图像相当于原来的磁铁在另一套温度 t_l 和磁场 h_l 中所表现出的涨落图像.

　　我们可以用两种方式来估算磁铁的能量 (实际上应是 "自由能", 现在不去区分这个细节). 设原来每个磁矩的能量是 $F(t, h)$, 则重新标度后每个磁矩的能量是 $F(t_l, h_l)$. 两个函数的形式应当完全相同, 因为两组涨落图像相似. 但 $F(t_l, h_l)$ 涉及的体积是 l^d 而不是 1(d 是磁铁的空间维数, 例如 $d = 2$ 或 3). 因此, 能量关系是

$$F(t_l, h_l) = l^d F(t, h).$$

标度理论本身不能给出 t_l 和 h_l 对 l 的依赖关系, 我们只能做最简单的标度假定

$$t_l = l^\rho t, \quad h_l = l^\nu h.$$

这样的假定是否正确, 只能由试验检验或由更基本的理论来证明. 因此, 未知的能量函数乃是一个广义齐次函数

$$F(t, h) = l^{-d} F(l^\rho l, l^\nu h).$$

由于温度 T 并未特别选定, 我们可以在改变标度时保持 $l^\rho t = 1$, 即取 $l = t^{-t/\rho}$, 于是

$$F(t, h) = l^{-d/\rho} F\left(1, \frac{h}{t^{\nu/\rho}}\right).$$

考虑没有磁场, 即 $h = 0$ 的情形:

$$F(t, 0) = t^{d/\rho} F(1, 0).$$

相变点相当于 $t = 0$. 函数 $F(t, 0)$ 在 $t \to 0$ 时的奇异性决定比热等物理量的奇异性. 在远离相变点处, 例如当 $t = 1$ 时, $F(1, 0)$ 通常并没有奇异性. 因此, 我们看到 $F(t, 0)$ 在 $t \to 0$ 时的奇异性由 $t^{d/\rho}$ 完全描述. 类似地, 可以保持 $l^\nu h = 1$ 来改变 l, 从而讨论 $F(0, h)$ 的奇异性. 由于比热、磁化率等物理量都是由 $F(t, h)$ 的各种偏导数决定, 它们的奇异性归根究底由 ρ、ν 和维数 d 决定. 相变的标度理论就用这种

办法, 为描述相变的 6 个临界指数, 建立起 4 个标度关系, 使其中只剩下两个独立的指数. 正是标度理论的这一结果, 促成了相变重正化群理论的重大进展. 关心这一发展过程的读者可以参看文献 [35, 36]. 下面继续研究阵发混沌.

我们回到一条狭缝中的映射函数 (4.3) 式:

$$y = \epsilon + x + ax^2 (\epsilon > 0),$$

甚至还可以假定周围环境中存在着强度为 σ 的噪声 (参看 §3.6 关于噪声的描述). 迭代过程穿过狭缝所需的步数 n, 当然只是理论中仅有的参量 ϵ 和 σ 的函数,

$$n = n(\epsilon, \sigma).$$

上一节中 (4.8) 式就是 $\sigma = 0$ 时函数 n 的一例. 我们并不需要知道具体的函数形式, 就可以发展一套标度理论. 假定在给定的参量 ϵ 和 σ 下, 两步迭代使得 $x \to x' \to x''$, 我们可以试着调整参量, 使得在新的参量 ϵ' 和 σ' 下, 仅用一步就完成 $x \to x''$ 的跳跃. 由于两步并成一步, 迭代次数 $n(\epsilon', \sigma')$ 只是原来的一半, 即

$$n(\epsilon', \sigma') = \frac{1}{2} n(\epsilon, \sigma).$$

我们当然也可以把每 l 步合并成一步而有

$$n(\epsilon, \sigma) = l n(\epsilon', \sigma').$$

由于不知道归并过程中 ϵ' 和 σ' 对 l 的具体依赖关系, 我们还得做最简单的标度假定

$$n(\epsilon, \sigma) = l n(l^\rho \epsilon, l^\nu \sigma). \tag{4.12}$$

我们有一定自由度来改变狭缝的宽度, 可以要求 $l^\rho \epsilon = 1$ 总成立, 即取 $l = \epsilon^{-1/\rho}$. 代回 (4.12) 式, 有

$$n(\epsilon, \sigma) = \epsilon^{-1/\rho} \Phi\left(\frac{\sigma}{\epsilon^{\nu/\rho}}\right). \tag{4.13}$$

这里新的未知函数 $\Phi(x)$ 其实就是 $n(1, x)$. 只要 $n(1, 0)$ 不是奇异的, (4.13) 式就决定了没有外噪声时 $n(\epsilon, \sigma)$ 当 $\epsilon \to 0$ 时的奇异性, 即狭缝变得无穷窄时迭代次数怎样趋向无穷, 或者说, 接近周期行为的 "层流相" 怎样发展成严格的周期解. 标度理论本身不能给出 ρ 和 ν. 我们将在下一节中, 通过求解线性化的重正化群方程来定出 ρ 和 ν. 这里先提前说明, 两个 "有关" 方向上的本征值, 就是相应标度假定中的 "标度速率", 即 (4.12) 式中出现的

$$\lambda_\epsilon = l^\rho, \quad \lambda_\sigma = l^\nu.$$

取对数后, 有

$$\rho = \frac{\ln \lambda_\epsilon}{\ln l}, \qquad \frac{\nu}{\rho} = \frac{\ln \lambda_\sigma}{\ln \lambda_\epsilon}. \tag{4.14}$$

数字 l 只反映每次归并的步数, 它不应出现在最终的物理结果里. 我们将会看到, 本征值 λ_σ 和 λ_ϵ 的 l 依赖性, 正好从 (4.14) 式中消去 $\ln l$.

§4.4 阵发混沌的重正化理论

上一节中改变尺寸 l 和重新标度 ϵ, σ 的操作, 也是对局部的映射函数 $f(x)$, 例如 (4.3) 式, 实行的一种重正化变换. 如果把这种重正化不断进行下去, 会出现什么情形呢? 有一种并未严格证明的可能性, 是最终达到一个与 $f(x)$ 无关的普适函数 $g(x)$, 它与分角线 $y = x$ 形成一个狭缝. 由狭缝中某点 x 开始, 进行 l 步迭代后达到 $g^{(l)}(x)$, 相当于在纵横两个方向做适当的比例变换后, 对同一个函数 $g(x)$ 做一次迭代, 即

$$\alpha^{-1} g(\alpha x) = g^{(l)}(x), \tag{4.15}$$

其中常数 α 是一个待定的标度因子. 当 $l = 2$ 时, 这个方程形式上与费根鲍姆的重正化群方程 (3.26) 一样[①]. 当 $l > 2$ 时, 它形式上与将在 §4.5 中讨论的 l 倍周期序列的重正化群方程一致. 不过, 我们即将看到, 这些只是形式上的相似, 方程 (4.15) 远没有方程 (3.26) 或 (4.37) 那样深刻.

为了求解方程 (4.15), 还要给定边界条件. 首先, $g(x)$ 是像 (4.3) 那样的函数的重正化极限, 我们可以要求它具有同样的 “归零” 性质, 即

$$g(0) = 0. \tag{4.16}$$

其次, 它在 $x = 0$ 处与分角线相切, 因此

$$g'(0) = 1. \tag{4.17}$$

与倍周期分岔的函数方程 (3.26) 不同, 方程 (4.15)~(4.17) 有一个准确的解析解[37]. 我们考察一个线性分式

$$g(x) = \frac{x}{1 - ax}, \tag{4.18}$$

其中 a 是任意常数. 对 $g(x)$ 实行函数迭代, 得到

$$g \circ g(x) = \frac{x}{1 - 2ax},$$
$$g \circ g \circ g(x) = \frac{x}{1 - 3ax},$$
$$\vdots \quad \vdots \quad \vdots$$

---

① (3.26) 式中的负号可以吸收到 α 中.

迭代 l 次后, 得到

$$g^{(l)}(x) = \frac{x}{1 - lax}. \tag{4.19}$$

现在已经清楚, 只要取 $\alpha = l$, 函数 (4.18) 就满足方程 (4.15), 而且两个边界条件也都自动成立.

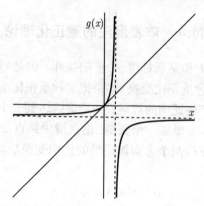

图 4.6 函数 $g(x)$ 的形状 (只用左上支)

函数 (4.18) 是以 $x = 1/a$ 和 $y = -1/a$ 为渐近线的一对双曲线, 只有它的左上支 (当 $a > 0$), 才具有我们要求的性质 (见图 4.6).

上面的讨论是针对最常见的情形, 即在切分岔点附近映射函数可用二次曲线

$$f(x) = x + ax^2$$

逼近. 原则上当然可以讨论更一般的局部行为, 例如

$$f(x) = x + a|x|^z. \tag{4.20}$$

这里 z 是刻画单峰映射顶部平坦程度的一个幂次. $z = 2$ 对应抛物线映射. 对于一般的 z 也可以严格求解方程 (4.15)~(4.17). 为此我们把 (4.18) 式写成

$$g(x) = \frac{1}{G(x) - x}, \tag{4.21}$$

其中 $G(x) = 1/x$. 函数嵌套关系 (4.19) 成为

$$g^{(l)}(x) = \frac{1}{G(x) - la}.$$

这就是说, $g(x)$ 的迭代相当于 $G(x)$ 的平移:

$$\begin{aligned} x' &= g(x), \\ G(x') &= G(x) - a. \end{aligned} \tag{4.22}$$

我们试图寻求 $g(x)$ 和 $G(x)$ 之间的更一般的关系, 同时要求把 (4.22) 式保留下来. 定义

$$g(x) = \Phi(G(x) - a),$$

这是 (4.21) 式的推广. 同样, $G(x) = 1/x$ 就推广为

$$G(x) = \Phi^{-1}(x).$$

函数 Φ 的形式有待确定.

我们还是实行一串函数迭代:

$$x_1 = g(x),$$
$$G(x_1) = \Phi^{-1}(x_1) = \Phi^{-1}(g(x)) = G(x) - a,$$
$$g(x_1) = G^{(2)}(x) = \Phi(G(x_1) - a),$$
$$\vdots$$
$$x_l = g^{(l)}(x),$$
$$G(x_1) = G(x) - la,$$
$$g^{(l)}(x_1) = \Phi(G(x) - la).$$

为了使重正化方程 (4.15) 成立, 我们必须要求

$$\Phi(G(\alpha x) - a) = \alpha \Phi(G(x) - la).$$

如果 $G(x)$ 是一个齐次函数,

$$G(x) = lG(\alpha x)$$

(与 (4.9) 式对比, 这是一个 $-\ln l / \ln \alpha$ 阶的齐次函数), 则 Φ 也满足齐次函数的关系

$$\Phi(G(\alpha x) - a) = \alpha \Phi(l(G(\alpha x) - a)).$$

假定 Φ 是 $-m$ 阶的齐次函数,

$$\Phi(lx) = l^{-m} \Phi(x),$$

则 $\alpha = l^m$ 时, 重正化方程 (4.15) 就成立. 单变量的 $-m$ 阶和

$$-\frac{\ln l}{\ln \alpha} = -\frac{1}{m}$$

阶的齐次函数就是包含一个任意常数的独项式

$$\Phi(x) = \frac{c_1}{x^m}, \quad G(x) = \frac{c_2}{x^{1/m}},$$

于是

$$g(x) = \frac{c_1}{\left(\dfrac{c_2}{x^{1/m}} - a\right)^m}.$$

可以把常数吸收进原来的任意常数 α, 把上式写成

$$g(x) = \frac{x}{(1 - ax^{1/m})^m}. \tag{4.23}$$

我们看到, 只要 m 取正值, 边界条件 (4.16) 和 (4.17) 就可以满足. 然而, 这些条件还不足以把解唯一地确定下来. 这里的情形与倍周期分岔的重正化群方程类似, 见 (3.30) 式前后的讨论. 为了确定 m 的数值, 我们必须把 (4.23) 式在 $x = 0$ 附近展开:

$$g(x) = 1 + max^{1/m+1} + \cdots,$$

并要求它的局部行为与 (4.20) 式一致. 这样得到

$$m = \frac{1}{z - 1}.$$

m 必须是正数, 故要求 $z > 1$. 于是我们最终得到了重正化群方程 (4.15) 的解

$$g(x) = x(1 - ax^{z-1})^{-1/(z-1)} \tag{4.24}$$

和标度因子 α 的值

$$\alpha = l^{1/(z-1)}. \tag{4.25}$$

由于我们手中已经有了重正化群方程的封闭解, 线性化方程中所有的系数函数都可以明显地计算出来. 线性化时既可以考虑确定性的偏离 $h_n(x)$, 也可以考虑随机性的噪声扰动 $\xi D(x)$, 就像我们在 §3.5 和 §3.6 中做过的那样. 这两种情形的计算过程也十分相似. 我们略去推导过程, 写出最终结果[37]:

确定性偏离时有

$$h(x) = \frac{1 - [1 - (z-1)ax^{z-1}]^{\frac{2z-1}{z-1}}}{(2z-1)ax^{z-1}[1 - (z-1)ax^{z-1}]^{\frac{z}{z-1}}},$$

$$\lambda_\sigma = l^\rho, \qquad \rho = \frac{z}{z-1}.$$

随机性扰动时有

$$[D(x)]^2 = \frac{1 - [1 - (z-1)ax^{z-1}]^{\frac{3z-1}{z-1}}}{(3z-1)ax^{z-1}[1 - (z-1)ax^{z-1}]^{\frac{2z}{z-1}}},$$

$$\lambda_\sigma = l^\nu, \qquad \nu = \frac{z+1}{2(z-1)}.$$

我们在 §4.3 末尾曾提到, 非实质性的 l 将在最终结果中消去. 这在上面的式子中显而易见. 与此成为对照的是下一节中将要研究的 l 倍周期分岔. 那里, 参量 l 具有实质意义, 不可能从最终结果中消失, 它将影响一切普适函数和普适指数.

顺便指出, 当 $z = 2$ 时, 如果选取 $l = 2$, 则会导致 $\alpha = \rho = 2$ 的相当退化的情形, 进而掩盖了方程的实质结构. 只有讨论一般的 z 和 l, 才能清楚地看到方程 (4.15) 并没有 (3.26) 那么深刻. l 本来只是可以任意选取的归并步数, 自然不应影响重正化群方程 (4.15) 的可解性.

§4.5 l 倍周期序列的标度性质

我们在第 3 章中研究了对应符号字 (2.49), 即

$$(R)^{*n} * C, \quad n = 0, 1, 2, \cdots \tag{4.26}$$

的倍周期分岔序列. 任何一个对应混沌带中切分岔的基本字 ΣC, 也会发展成一个倍周期分岔序列. 它们的对应符号字为

$$(\Sigma C) * (RC)^{*n}, \quad n = 0, 1, 2, \cdots \tag{4.27}$$

的周期轨道分岔序列. 任何以 $(RC)^{*n}$ 为字尾的序列, 都具有同样的标度性质, 由同一个重正化群方程 (3.26) 和同样的标度因子 α、收敛速率 δ、噪声标度因子 κ 和极限集合分维 D_0 刻画.

然而, 可以从单峰映射分岔图中选取的周期轨道序列, 并不限于倍周期分岔序列. 事实上, 从任何一个基本字 ΣC 出发, 都可以构造无穷序列

$$(\Sigma C)^{*n}, \quad n = 1, 2, 3, \cdots \tag{4.28}$$

如果 ΣC 所含字母数即周期为 l (通常记做 $|\Sigma C| = l$), 则 (4.28) 对应周期为 l^n 的轨道序列. 我们称之为 l 倍周期序列. 例如, 取 $\Sigma = RL$ 或 $\Sigma = RL^2$, 分别得到 3 倍和 4 倍周期序列. 这些序列中的各个周期在参量轴上并不相邻, 但相应的超稳定周期点很容易用字提升法确定. 每个序列的极限参量值 μ_c^∞ 也不难估算. 请读者注意 l 周期序列与倍周期分岔序列的这一不同之处. 倍周期序列中 2^n 周期轨道经过倍周期分岔产生 2^{n+1} 周期, 因此它们在参量轴上也是相邻的. 3 倍周期序列的成员则必须从分岔图各个部分挑选出来. 例如, 在图 2.6 中可见到周期 3 和 9, 而周期 27 则嵌在周期 9 的混沌带中, 要进一步放大参量区间 (1.784, 1.789) 才能看见. 为了在名词上也加以区分, 我们分别称以上情形为倍周期分岔序列和 l 倍周期序列.

同倍周期分岔序列相似, l 倍周期序列也具有美妙的标度性质. 每个基本字对应自己的重正化群方程. 求解重正化群方程, 可以得到普适函数 $g(x)$ 和标度因子 α_Σ. 分别对确定性偏离或随机性扰动求出线性化的重正化群方程, 从而可得到普适函数 $h(x)$ 和收敛速率 δ_Σ, 或是普适函数 $D(x)$ 和噪声标度因子 κ_Σ. 对应 $(\Sigma C)^{*n}$ 的极限集合, 由相应的分维 D_Σ 刻画 (我们在 §7.4 中再讨论它). 为了区分这无穷多种周期序列, 我们为普适常数加上了下标 Σ. 费根鲍姆的倍周期分岔序列对应最简单的情况, 即 $\Sigma = R$.

写出重正化群方程的最简便的方法, 是运用 §2.6 中介绍过的字母代换规则. 整个周期序列 (4.26) 可以用字母代换 (2.48), 即

$$
\begin{aligned}
R &\rightarrow (\Sigma C)_+, \\
C &\rightarrow \Sigma C, \\
L &\rightarrow (\Sigma C)_-
\end{aligned}
\tag{4.29}
$$

作用到 ΣC 本身来得到. 例如, 对于 $\Sigma = RLL$ 导致的 4^n 周期序列, 我们有代换

$$
\begin{aligned}
R &\rightarrow RLLL, \\
L &\rightarrow RLLR
\end{aligned}
\tag{4.30}
$$

(考虑无穷长的极限序列时, 用不到字母 C 的代换规则). 无穷次重复使用代换 (4.30), 最终达到一个特殊的符号序列, 即极限序列 $(\Sigma C)^{*\infty}$, 它在代换 (4.30) 作用下不再改变. 相对于 (4.30) 这样的符号操作而言, $(\Sigma C)^{*\infty}$ 是符号序列空间里的一个不动点. 它对应重正化群不动点方程, 对应 μ_Σ^∞ 处的轨道.

倒过来看代换 (4.30), 它说明极限序列 $(\Sigma C)^{*\infty}$ 在字母归并

$$
\begin{aligned}
RLLL &\rightarrow R, \\
RLLR &\rightarrow L
\end{aligned}
\tag{4.31}
$$

过程中保持不变. 回忆我们在 §2.5 和 §2.6 中关于符号 s 同时代表单调的逆映射支 $s(y)$ 的约定, 这就意味着 $R \circ L \circ L \circ L$ 这四次嵌套构成的复合函数, 其效果相当于一个 R 函数的作用. 由于这些单调函数只反映拉伸、压缩、上升、下降这些拓扑变换, 两组函数的作用相同就表示它们等价到拓扑共轭关系, 即

$$
\begin{aligned}
h^{-1} \circ R \circ h &= R \circ L \circ L \circ L, \\
h^{-1} \circ L \circ h &= R \circ L \circ L \circ R.
\end{aligned}
\tag{4.32}
$$

共轭函数的最简单的选择, 是线性函数

$$
h(x) = \alpha x.
$$

于是

$$\alpha^{-1} \circ R(\alpha) = R \circ L \circ L \circ L(x),$$
$$\alpha^{-1} \circ L(\alpha) = R \circ L \circ L \circ R(x).$$

不难把上式写成正映射的关系

$$\alpha^{-1} g_R(\alpha y) = \phi_L \circ \phi_L \circ \phi_L \circ \phi_R(y),$$
$$\alpha^{-1} g_L(\alpha y) = \phi_R \circ \phi_L \circ \phi_L \circ \phi_R(y),$$
(4.33)

如果只考虑在极大值附近左右对称的单峰函数, 可以省去上式中的单调支脚标, 两个方程成为同一个方程

$$\alpha^{-1} g(\alpha x) = g^{(4)}(x).$$
(4.34)

这就是 4^n 周期序列的重正化群不动点方程. 它是方程 (3.26) 的推广, 可以参照倍周期分岔情形, 加上"归一"条件和超稳定条件

$$g(0) = 1, \quad g'(0) = 0,$$
(4.35)

然后计算 $g(x)$ 和 α, 进行线性化, 等等. 为了把解唯一地确定下来, 还必须规定 $g(x)$ 在峰值附近的行为, 即在展开式

$$g(x) = 1 + A x^z + B x^{2z} + \cdots$$
(4.36)

中规定 z 的数值. $z = 2$ 当然是最常见的情形.

当 $l \leqslant 4$ 时, 以上条件足以单值地确定方程 (4.34) 的解. $l \geqslant 5$ 时会出现新的问题. 以 $l = 5$ 为例, 周期 5 的基本字有 3 个 (见表 2.2 和 §5.3). 这时, 条件 (4.35) 和 (4.36) 还不足以单值地选出方程

$$\alpha^{-1} g(\alpha x) = g^{(5)}(x)$$

的解. 我们必须对 α 的初值 α_0 有相当好的估计, 才能在数值计算中逼近所要求的那组解.

为了估计 α_0, 我们在重正化群方程

$$\alpha^{-1} g(\alpha x) = g^{(l)}(x)$$
(4.37)

中令 $x = 0$, 并且用抛物线映射的暗线方程 $P_l(\mu_\Sigma^\infty)$ 来逼近 $g^{(l)}(0)$, 于是得到

$$\alpha_0 \approx \frac{1}{P_l(\mu_\Sigma^\infty)},$$
(4.38)

这里的参量 μ_Σ^∞ 可用字提升法估算. 数值试验表明, 由 (4.38) 式算得的 α_0 近似值, 好到足以区分开方程 (4.37) 的各个解.

实际计算过程同 §3.4 到 §3.6 中处理倍周期分岔序列相似. 我们省去细节[12], 只在表 4.1 中列出 $l \leqslant 5$ 时各种普适常数的计算结果. 表中 μ_Σ^∞, α_Σ 和 δ_Σ 根据文献 [12], κ_Σ 根据文献 [38], D_Σ 根据文献 [39]. 顺便指出, 表 4.1 中只列出了 $z = 2$ 的数值, 关于 $z = 4, 6, 8$ 的结果, 可参考原始文献.

表 4.1　l 倍周期序列的普适常数 $(z = 2)$

l	Σ	μ_Σ^∞	α_Σ	δ_Σ	κ_Σ	D_Σ
2	R	1.40115	2.5029	4.669	6.6190	0.53805
3	RL	1.78644	9.2773	55.25	89.522	0.35038
4	RL^2	1.94270	38.8189	981.6	1558.7	0.26906
5	RL^2R	1.63193	20.198	255.5	431.91	0.38358
5	RLR^2	1.86299	-45.804	1287	2182.6	0.30290
5	RL^3	1.98554	100.0	16930	26458	0.22480

第 5 章　一维映射的周期数目

周期轨道与混沌运动有密切关系. 这种关系至少表现在两个方面:

(1) 在参量空间中考察定常的运动状态, 系统往往要在参量变化过程中先经历一系列周期制度, 然后进入混沌状态. 这里主要涉及或宽或窄的参量区间里可以观察到的稳定周期, 它们构成所谓"通向混沌的道路". 我们已经在前面两章里讨论了倍周期分岔序列的极限和切分岔附近的阵发混沌. 认识这些通向混沌的周期制度的规律, 有助于理解最终的混沌状态的性质. 稳定周期轨道在失稳以后, 继续作为不稳定的周期轨道存在于相空间里, 并且在同其他稳定的吸引子碰撞时导致吸引子的"激变".

(2) 一个混沌吸引子里面包含着无穷多条不稳定的周期轨道. 可以说这无穷条不稳定的周期轨道是混沌吸引子的骨架. 一条混沌轨道里有许许多多或长或短的片段, 它们十分靠近这条或那条不稳定的周期轨道. 原则上可以从一条足够长的混沌轨道里, 提取出有关的不稳定周期轨道的信息.

从更根本的角度看, 周期轨道的"谱"是一个非线性系统的拓扑不变量. 这里讲的周期轨道通常是不稳定的. 用符号动力学的语言说, 一条稳定的周期轨道可以"顶"着别人的名字诞生, 在失稳以后才获得自己专属的符号名字. 一个好的符号动力学, 必须能为每一条不稳定周期轨道赋予一个独特的名字. 把一个非线性动力系统里所有的周期列举出来, 例如, 它有几个不动点、几个周期 2、几个周期 3 等, 就构成周期轨道的"谱". 周期轨道谱是非线性系统的拓扑不变量. 如果两个系统具有不同的"谱", 它们一定不同; 如果具有相同的"谱", 则它们很可能但不必然是等价的. 在"不同"前提下才给出确切判断的不变量, 称为不完全不变量. 非线性系统的周期轨道谱是不完全的拓扑不变量. 这对于比较两个模型, 或一个模型一个实验的异同, 还是有益的.

具有耗散的高维动力系统, 在长时间极限下达到的吸引子, 往往在某些截面里压缩成低维, 甚至一维的对象. 这时, 相应一维非线性映射的周期轨道谱对于刻画原来的动力系统也很有帮助. 因此, 我们用这一章专门研究一维映射的周期轨道数目.

§5.1　沙尔可夫斯基序列和李--约克定理

对于一维线段的映射, 只要知道存在着某个特定的周期轨道, 就可以判断还存在哪些周期轨道. 这一并不限于单峰映射的重要结果是乌克兰数学家沙尔可夫斯

基 (A. N. Sharkovskii) 在 1964 年证明的, 但曾经在相当长一段时间里鲜为人知.

沙尔克夫斯基首先为一维映射中的不同周期定义了领先关系: 如果周期 p 的存在一定导致周期 q 的存在, 则称 "p 领先于 q", 记为 $p \prec q$. 然后, 他把所有的自然数按上述领先关系重新排序:

$$3 \prec 5 \prec 7 \prec \cdots \prec 3 \times 2 \prec 5 \times 2 \prec 7 \times 2 \prec \cdots \prec 3 \times 2^2 \prec 5 \times 2^2$$

$$\prec 7 \times 2^2 \prec \cdots \prec 2^3 \prec 2^2 \prec 2 \prec 1, \tag{5.1}$$

这就是**沙尔可夫斯基序列**. 沙尔可夫斯基序列定理说: 如果在某个一维连续映射中存在着周期 p, 则在序列 (5.1) 中一切排在 p 后面的周期都也存在.

这个定理用俄文发表在读者不多的《乌克兰数学杂志》上[40], 因此长期不为人知. 直到 1977 年, 南斯拉夫的年轻而早逝的数学家斯捷凡 (P. Stefan) 才在英文文献中做了详细介绍[41]. 在此之前, 沙尔可夫斯基的结果已被许多人部分或全部地重新发现过. 例如, 在序列 (5.1) 中, 数字 3 领先于一切其他整数, 因此只要在一个映射中看到了周期 3, 就必然还存在着序列中所有的其他周期的轨道. 这个周期 3 意味着混沌的定理, 由李天岩和约克在 1975 年发表[42]. 李–约克定理的基本内容显然包含在沙尔可夫斯基序列定理中, 不过这篇论文在混沌动力学的历史上起了重要作用. 文章的明确动机就是研究洛伦茨在 1963 年所发现的非周期行为, 而它的标题把 "混沌" 一词在现代意义下引入了科学语汇.

按照约克本人的说法, 这个定理是被物理学家们误解最多的定理之一. 因此, 我们还是原原本本地介绍一下定理的表述, 然后稍加讨论.

李–约克定理[42]: 令 I 为一个线段, $f: I \to I$ 是线段的连续映射. 设线段中有一点 $x_0 \in I$, 它的最初 3 次映射给出 $x_1 = f(x_0)$, $x_2 = f^{(2)}(x_0)$, $x_3 = f^{(3)}(x_0)$, 而这些点满足

$$x_3 \leqslant x_0 < x_1 < x_2$$

或

$$x_3 \geqslant x_0 > x_1 > x_2$$

(不难看出, 只要存在一条周期 3 轨道, 这两串不等式就必然有一串成立), 则有:

(1) 对于任何 $k = 1, 2, 3, \cdots$, 线段 I 中都存在一条周期 k 轨道.

(2) I 中有一个不可数集合 $S \in I$, 它不包含周期点, 而且满足以下条件:

① 对于 S 中 $p \neq q$ 的任意两点,

$$\lim_{n \to \infty} \sup |f^{(n)}(p) - f^{(n)}(q)| > 0, \tag{5.2}$$

$$\lim_{n \to \infty} \inf |f^{(n)}(p) - f^{(n)}(q)| = 0; \tag{5.3}$$

② 对于 S 中每个 q 点和线段 I 中周期 p 点, 也有 (5.2) 式成立.

这个定理的第一部分无疑是沙尔可夫斯基序列的后果. 第二部分里的上确界 sup 和下确界 inf 包含着对混沌轨道的刻画: 两条无穷长的轨道有时会靠得任意近, 同时也必定要以有限距离分开; 这些事件是以非周期的不规则的方式发生的; 这样的轨道点有不可数无穷多个.

沙尔可夫斯基序列和李–约克定理都是对参量固定的一个映射的相空间中轨道的论述, 并未涉及有关轨道的稳定性. 事实上, 定理中提到的周期轨道绝大多数都是不稳定的. 这两个定理也不过问那些非周期轨道是否可以被观测到, 即它们的测度问题.

沙尔可夫斯基序列和我们在前面 §2.6 中讲到的周期轨道的普适序列 (MSS 序列), 都包含对周期轨道数目和排序的论断, 但两者有本质不同, 也有密切关系. 由于文献中对两者偶有混淆, 我们在这里再做一些比较和概括:

(1) 沙尔可夫斯基序列是参量一定时映射相空间中周期的排序, 它不直接涉及周期轨道点在位置上的排序, 更与周期轨道在改变参量时的出现顺序无关. MSS 序列是参量空间中揉序列的排序, 而揉序列是相空间中一条从临界点出发的特定的轨道对应的符号序列. 把揉序列取做映射参量时, 符号动力学也给出全部周期和非周期轨道在相空间位置的排序.

(2) 沙尔可夫斯基序列涉及的是同一参量下的周期, 其中绝大部分甚至全部都是不稳定的. MSS 序列主要用于不同参量下的稳定周期, 虽然对于某些情况 (如人字映射) 这些周期也是不稳定的.

(3) 沙尔可夫斯基序列是为一般的线段连续映射证明的, 它的应用范围比 MSS 序列更广, 但它关于周期数目的论断也更弱. 它说如果存在周期 3, 则必定存在周期 5, 7 等等, 但并没有说明有多少个周期 5, 多少个周期 7. MSS 序列是为单峰映射产生的, 它只适用于同一个普适类的映射, 但它关于周期数目的论断也更具体和丰富, 构成整个 §5.3 的内容.

为了看清楚沙尔可夫斯基序列同 MSS 序列的密切关序, 最好回到分岔图 2.5. 在这个图中, 稳定的周期轨道由沿参量 μ 方向发展的实线代表, 而不稳定周期轨道则反映不出来. 如果把不稳定的周期轨道用虚线画出来, 则每条实线都会从失稳分岔的参量点继续往前延伸. 对于单峰映射, 这些虚线会一直达到 $\mu = 2$ 的右边界处. 这时, 如果在周期 3 窗口里往上看, 即在相空间中寻找周期轨道, 就会遇到从左面延伸过来的各种周期. 沙尔可夫斯基序列定理告诉我们, 从周期 3 窗口往右的任何参量处, 由于有代表周期 3 的实线或虚线存在, 从左面延伸过来的周期包含一切自然数. 然而, 如果在第一个周期 5 窗口, 即由 $RLRRC$ 提升算得的参量值附近往上搜寻, 就只能找到除周期 3 以外的其他周期. 至于 MSS 序列, 它本来就是沿参量 μ 方向的周期窗口排序. 因此可以说, 对于单峰映射, 沙尔可夫斯基序列和 MSS 序列是互相 "正交" 的两种周期排列方式.

§5.2   数论函数和波伊阿定理

我们在以下两节里要仔细讨论单峰和多峰映射在整个参量空间中的周期轨道数目. 除了代数学的基本定理, 我们还要用到一些数论中的函数, 并且引用作为计数组合学基石的波伊阿 (G. Pólya) 定理. 由于有些知识超出一般工科大学的数学内容, 在这一节里先做些介绍.

所谓数论函数, 其自变量定义在 0, 1, 2, 3 等自然数上, 而函数也在自然数上取值. 默比乌斯 (A. F. Möbius) 函数 $\mu(n)$ 和欧拉 (L. Euler) 函数 $\varphi(n)$ 是最常见的两个数论函数.

默比乌斯函数的定义是:

$$\mu(n) = \begin{cases} 1, & n = 1, \\ (-1)^r, & n \text{ 是 } r \text{ 个不同素数的乘积}, \\ 0, & \text{其他情况}. \end{cases} \tag{5.4}$$

把两个整数 n 和 m 的最大公因子记为 (n, m). 如果 $(n, m) = 1$, 则称这两个整数是互素的. 对于整数 n, 考察它同前面 1, 2, 3, $\cdots$, $n-1$ 这些数, 其中互素对的个数就是欧拉函数 $\varphi(n)$ 的值. 自然, 对于任意素数 p 有 $\varphi(p) = p - 1$. 最初几个默比乌斯函数 $\mu(n)$ 和欧拉函数 $\varphi(n)$ 的数值列在表 5.1 里.

表 5.1   默比乌斯函数 $\mu(n)$ 和欧拉函数 $\varphi(n)$ 的值

n	1	2	3	4	5	6	7	8	9	10	11	12
$\mu(n)$	1	-1	-1	0	-1	1	-1	0	0	1	-1	0
$\varphi(n)$	1	1	2	2	4	2	6	4	6	4	10	4

把 d 是 n 的因子, 或者说 d 可以整除 n 这个事实记做 $d|n$, 把对

$$\{d : d|n\}, \quad d = 1, 2, \cdots, n$$

的求和记做

$$\sum_{\{d : d|n\}},$$

当 $j \leqslant n$ 时, n, j 的最大公因子自然是 $d|n$ 中的一个. 事实上, 当 j 从 1 增加到 n 时, 这个 d 在所有的 (n, j) 中出现 $\varphi(n/d)$ 次.

对于给定的 n, 把相应的默比乌斯函数都按因子 $d|n$ 加起来, 就得到数论中的单位函数 $I(n)$,

$$\sum_{\{d : d|n\}} \mu(d) = I(n), \tag{5.5}$$

而后者的定义是

$$I(n) = \left[\frac{1}{n}\right] = \begin{cases} 1, & n = 1, \\ 0, & n > 1. \end{cases} \tag{5.6}$$

符号 $[x]$ 的意思是取 x 的整数部分.

单位函数 $I(n)$ 是简单的. 另一个简单的数论函数 $N(n)$ 就是第 n 个自然数自己：$N(n) = n$. 对于给定的 n, 把欧拉函数按 $d|n$ 加起来, 就得到 $N(n)$：

$$\sum_{\{d:d|n\}} \varphi(d) = N(n). \tag{5.7}$$

如果一个数论函数 $g(n)$ 是另一个数论函数 $h(d)$ 按因子 $d|n$ 的求和,

$$g(n) = \sum_{\{d:d|n\}} h(d), \tag{5.8}$$

则 $h(n)$ 可以通过默比乌斯逆变换[①]表示为 $g(d)$ 按因子 $d|n$ 的求和,

$$h(n) = \sum_{\{d:d|n\}} \mu(n/d)g(d) = \sum_{\{d:d|n\}} \mu(d)g(n/d). \tag{5.9}$$

我们以后研究由基本周期, 即不是重复更短的周期而得到的轨道数目时, 要用到默比乌斯逆变换公式.

组合学的一个分支专门研究满足一定条件的对象的数目, 称为计数组合学. 计数组合学的基石是波伊阿定理, 其表述如下：

波伊阿定理：如果 G 是 g 阶的有限群, 它的元素作用在一组有限数目的对象上. 如果一个对象在 G 的某个元素作用下成为另一个对象, 则这两个对象是等价的. 这时, 不等价对象的数目由下式给出：

$$T = \frac{1}{g} \sum_{t \in G} I(t), \tag{5.10}$$

这里 $I(t)$ 是在群元素 $t \in G$ 作用下等价的对象数目. 上式对群 G 的所有元素求和.

§5.3　单峰映射的周期窗口数目

周期 3 是在单峰映射 1 带混沌区中最宽, 因而最容易看到的窗口. 把混沌区的任何一段参量区间放大, 都可以看到许许多多或宽或窄的窗口. 单峰映射到底有多少各种各样的周期窗口呢? 我们当然可以借助符号动力学中的排序规则和允字

① 我国物理学家陈难先曾经利用默比乌斯变换在 $n \to \infty$ 时的推广, 巧妙地解决了一批物理学中的逆问题, 见 *Phys. Rev. Lett.* **64** (1990), 1195.

条件, 把一定长度以内的周期字全部产生出来, 然后数一下它们的数目. 然而, 用
这种方法是走不远的, 因为周期变长之后, 工作量会急剧上升.

对于抛物线映射, 周期数目问题很容易彻底解决. 解决的基础是代数学的基本
定理: 一个实系数的 n 次代数方程有 n 个根, 包括实根和成对出现的复根. 一旦得
出答案, 它也适用于同一个拓扑普适类里的其他映射, 这是因为周期轨道在拓扑共
轭下保持下来.

我们从最简单的情形看起. 不动点是方程

$$x = f(\mu, x) \tag{5.11}$$

的根. 这个二次方程有两个根, 由 (2.15) 和 (2.17) 式给出. 它们可能是一对复根,
因而在实数迭代中看不到; 也可能是两个实根. 稳定实根可以在迭代中看到, 不稳
定实根虽然不能直接观察, 但仍然可以设计一定的算法来跟踪. 一个不动点是否稳
定, 由导数 f' 的绝对值是否小于 1 决定. 单峰映射只有一个稳定不动点, 它发展
成倍周期分岔序列. 这些我们在前几章里都已经熟悉.

周期 2 轨道的点, 都是方程

$$x = f^{(2)}(\mu, x) \tag{5.12}$$

的根. 这个 4 次方程有 4 个根. 然而, 方程 (5.11) 的根也都是 (5.12) 的根 —— 不
动点迭代两次给出一个平庸的周期 2. 于是, 只剩下两个根来构成一个非平庸的周
期 2 轨道. 我们已经见过这两个根的表达式 (2.20), 它们给出倍周期分岔序列中的
周期 2 轨道. 因此, 我们知道单峰映射只有一种周期 2 轨道. 至于它在什么参量范
围里是稳定的, 依赖于导数的形状, 这里不讨论.

现在看周期 3 轨道. 这些轨道点都是方程

$$x = f^{(3)}(\mu, x) \tag{5.13}$$

的根. 这个 2^3 次方程的 8 个根中, 仍然包含着方程 (5.11) 的两个根. 3 是奇数, 不
可能由倍周期分岔产生. 因此, 剩下的 6 个根只能来自切分岔. 我们从 §4.1 知道,
切分岔过程中总是同时产生一条稳定和一条不稳定的周期轨道. 把来自切分岔的
周期 3 窗口数目记做 $M(3)$, 我们写下根数目的 "守恒" 方程

$$2^3 = 2 + 2 \times 3 \times M(3).$$

解出这个方程得到 $M(3) = 1$. 单峰映射中只有一种周期 3 窗口.

现在, 我们已经有足够的经验来讨论素数 p 周期轨道点的数目了. 这些轨道
点都是方程

$$x = f^{(p)}(\mu, x) \tag{5.14}$$

的根, 其中总包着 (5.11) 的两个根. 大于 2 的素数都是奇数, 没有来自倍周期分岔的轨道. 把周期 p 的切分岔数目记为 $M(p)$, 写下根数目守恒方程

$$2^p = 2 + 2 \times p \times M(p),$$

便可得到一个有用的重要公式

$$M(p) = \frac{2^{p-1} - 1}{p}. \tag{5.15}$$

这个式子首先见于 1973 年米特罗波利斯等人的文章 [18]. 它适用于一切 $p \geqslant 3$ 的素数. 对于 $p = 2$, (5.15) 式给出成问题的结果 $M(2) = 1/2$. 这是因为 2 是唯一的偶素数, 周期 2 可能来自倍周期分岔. 把来自倍周期分岔的周期 n 窗口数目记为 $P(n)$. 显然, 当 n 为奇数时, 有

$$P(n) = 0, \ \forall \text{ 奇数 } n > 1. \tag{5.16}$$

$n = 1$ 是个特殊情形, 它对应不动点. 我们已经知道, 抛物线映射只有一个稳定不动点, 它是倍周期分岔序列的"首". 在一定意义上, 它也来自切分岔. 从抛物线映射的另一形式 (1.18) 出发时, 这一点看得更清楚. 因此, 作为初始条件, 我们取

$$P(1) = 0, \quad M(1) = 1. \tag{5.17}$$

当 n 是偶数时, 所有周期为 $n/2$ 的轨道都可以经过倍周期分岔而对 $P(n)$ 做出贡献. 因此, 对偶数 n 有

$$P(n) = P(n/2) + M(n/2). \tag{5.18}$$

考虑到 $n = 1$ 时的初始条件 (5.17), 我们有

$$P(2) = 1.$$

于是, 对应周期 2 的根数目守恒方程应为

$$2^2 = 2 + 2[P(2) + 2M(2)].$$

由此得 $M(2) = 0$, 即单峰映射中没有来自切分岔的周期 2 窗口.

现在读者已经明白, 对于一般的非素数 n, 要把它分解成因子. 所有这样的因子 d 的集合记为 $\{d : d|n\}$ (这里 $d|n$ 是我们在 §5.2 里已经见过的记号, 意思是 "d 整除 n"). 考察一个特定的因子 $d < n$. 所有周期 d 的轨道点都是方程

$$x = f^{(d)}(\mu, x)$$

的根, 也都是方程

$$x = f^{(n)}(\mu, x) \tag{5.19}$$

的平庸根. 这种根的总数为

$$d[P(d) + 2M(d)],$$

因子 2 表示切分岔时成对产生稳定和不稳定的两个周期 d 轨道.

因此, 方程 (5.19) 的根数目守恒方程应当写成

$$2^n = \sum_{\{d:d|n\}} d[P(d) + 2M(d)]. \tag{5.20}$$

所有前面给出过的守恒方程都是它的特例. 例如, $n = p$ 为素数时, 只有两个因子 1 和 p. 由初始条件 (5.17) 和 (5.16) 式, 立即得到 (5.15) 式.

实际上, (5.20) 式加上前面的 (5.16)~(5.18) 式, 构成一组递推关系. 我们可以从初始条件 (5.17) 出发, 一步一步地算出所有 $P(n)$ 和 $M(n)$. 周期 n 窗口的数目是 $N(n) = P(n) + M(n)$(这里的 $N(n)$ 就是下一节里的 $N_m(n)$ 取 $m = 2$ 时的情形). 我们把 $n \leqslant 20$ 的周期数目 $N(n)$ 列在表 5.2 中.

表 5.2   单峰映射的周期窗口数目

n	$P(n)$	$M(n)$	$N(n)$	n	$P(n)$	$M(n)$	$N(n)$
1	0	1	1	11	0	93	93
2	1	0	1	12	5	165	170
3	0	1	1	13	0	315	315
4	1	1	2	14	9	576	585
5	0	3	3	15	0	1091	1091
6	1	4	5	16	16	2032	2048
7	0	9	9	17	0	3855	3855
8	2	14	16	18	28	7252	7280
9	0	28	28	19	0	13797	13797
10	3	48	51	20	51	26163	26214

如果我们只关心周期窗口总数 $N(n)$, 还可以从 (5.20) 式推导出更简单的递推关系. 首先看 n 为奇数的情形. 这时, n 的所有的因子 d 都是奇数. 而对于奇数 d, 有

$$P(d) = 0, \quad M(d) = N(d).$$

于是, 由 (5.20) 式, 对于奇数 n 得到

$$2^n = 2 \sum_{\{d:d|n\}} dN(d). \tag{5.21}$$

其次, 看 n 为偶数的情形. 这时总可以从 n 中抽出 2 的幂次, 把它写成

$$n = 2^k n', \tag{5.22}$$

其中 n' 为奇数, $k \geqslant 1$. 把 n' 分解成因子 $\{d : d|n'\}$, 这些 d 都是奇数. 同时, 所有的 d 以及 $2^i d$(这里 $i \leqslant k$) 都是 n 的因子. 于是, (5.20) 式可以写成

$$2^n = \sum_{i=0}^{k} \sum_{\{d:d|n'\}} 2^i [P(2^i d) + 2M(2^i d)]. \tag{5.23}$$

为了书写方便, 我们引入记号

$$A_i = 2^i d P(2^i d),$$
$$B_i = 2^i d [P(2^i d) + 2M(2^i d)].$$

根据 (5.18) 式, 我们有

$$A_j = 2^{j-1} d [2P(2^{j-1} d) + 2M(2^{j-1} d)]$$
$$= B_{j-1} + A_{j-1}.$$

把上式不断递推下去, 最终得到

$$A_j = \sum_{i=0}^{j-1} B_i$$

(注意, 由于 d 是奇数, $A_0 = 0$). 把上面这些关系代回 (5.23) 式, 得到

$$2^n = \sum_{\{d:d|n'\}} \sum_{i=0}^{k} B_i = \sum_{\{d:d|n'\}} (A_k + B_k).$$

然而, 根据定义,

$$A_k + B_k = 2 \times 2^k d N(2^k d),$$

于是,

$$2^n = 2 \sum_{\{d:d|n'\}} 2^k d N(2^k d), \tag{5.24}$$

其中 k 和 n' 由分解式 (5.22) 决定. 其实, (5.21) 式就是 (5.24) 式在 $k = 0$ 时的特例. 我们只要在分解式 (5.22) 中规定 $k > 0$, 递推关系 (5.22) 就适用于 n 为奇、偶的一切情形.

递推式 (5.20) 的研究有较长的历史, 可参看文献 [43, 44] 及其引文. 形式上最简单的递推关系 (5.24) 由郑伟谋给出, 第一次发表在文献 [45] 的引言中.

迄今为止, 我们主要研究了基于代数学基本定理的各种递归关系. 周期轨道的计数问题, 还有许多极富趣味的侧面和联系, 我们在这里再列举一些.

首先是古老的**项链问题**. 使用 n 块宝石制作项链, 每块宝石有 q 种不同的颜色可供选择, 问一共能制作多少种不同的项链. 答案当然依赖于"不同"和"相同"的含义. 封闭的项链没有特定的起点, 从哪块宝石起算都是同一条项链, 这是一个

循环排列下的颜色组合问题. 如果在比较项链时, 只注意几种不同颜色的搭配, 而不关心具体的颜色如何, 那就有更多的项链被看成 "相同" 的 (售货员拿出红白相间和黄绿相间的项链各一条, 说 "这两条是一样的, 请挑选"). 用群论的语言说, 前者是指项链在一个 n 阶循环群 C_n 的操作下不变, 而后者指在 q 种颜色的置换群 S_q 下不变. 项链问题的答案, 就是在 $C_n \times S_q$ 下不变的周期链的数目. 比项链问题更广泛一些的在一定群操作下不变的周期链数目问题, 已经由数学家们在 20 世纪 50 年代末期完全解决了.

　　沿着一条封闭的项链可以无穷尽地转下去. 把每转两圈或七圈算做一个周期也未尝不可. 不过, 严格地计算时, 应当区分基本的和重复的周期单元. 例如, $(101)^\infty$、$(101101)^\infty$ 和 $(101101101)^\infty$, 只有第一个是基本的. 把由 q 种颜色的 n 块宝石组成的不同的基本项链的数目记为 $F_q(n)$, 而把更短的基本周期的项链数目记为 $F_q^*(n)$, 显然有

$$F_q^*(n) = \sum_{\{d:d|n\}} F_q(d). \tag{5.25}$$

利用默比乌斯逆变换 (5.9), 可以把上式倒过来, 得到

$$F_q(n) = \sum_{\{d:d|n\}} \mu\left(\frac{n}{d}\right) F_q^*(d). \tag{5.26}$$

　　米特罗波利斯等人[18] 在 1973 年指出, 单峰映射的周期轨道的总数 $N(n)$, 由 $q = 2$ 时的项链问题的答案给出, 即

$$N(n) = F_2(n).$$

数学家们早在 1958–1961 年就列出了 $F_q(n)$ 的数值表[46, 47]. 递推公式 (5.20) 和 (5.24) 不含 $\mu(n)$ 等数论函数, 也可给出项链问题的解. 事实上, 还可以直接给出 $N(n)$ 的显式表达式[8, 48].

　　其次, 我们考虑**实数的有限 λ 自展开**问题. 取介于 1 和 2 之间的实数 x 和同一区间上的另一个实数 λ, 满足 $1 < x, \lambda < 2$. 下面我们要把 x 通过 λ 的倒数表示出来. 先写出

$$1 + \frac{1}{\lambda},$$

如果它超过 x, 就减去 $1/\lambda^2$, 否则就补上 $1/\lambda^2$, 再同 x 比较. 如此继续下去, 最终有

$$x = \sum_{i=0}^{\infty} \frac{a_i}{\lambda_i},$$

其中 $a_i = \pm 1$. 如果求和到第 k 项时就准确地得到 x, 那么

$$a_n = 0, \quad \forall n > k.$$

这是一个有限的 λ 展开. 现在把 x 换成 λ 自己, 得到 λ 的自展开式

$$\lambda = \sum_{i=0}^{\infty} \frac{a_i}{\lambda^i}, \tag{5.27}$$

并且问: 在 $(1,2)$ 区间上有多少个 λ 值对应有限的自展开? 首先, 确实存在着这样的 λ 值. 例如, 当 λ 取 $(1+\sqrt{5})/2$ 时, 就有

$$\lambda = 1 + \frac{1}{\lambda}.$$

问题在于, 有多少个不同的 λ, 具有给定项数的有限自展开. 这个问题的答案, 与单峰映射的周期数目一样. 其间的联系, 要通过 §1.4 中引入的人字映射去建立[17]. 由于我们在下一节里要推广人字映射, 这里就不再详述.

第三, 我们再看一下**马蹄变换过程中的不动点和周期数目**问题. 1967 年, 数学家斯梅尔 (S. Smale) 为了说明同时具有拉伸和压缩两种过程的 "双曲型" 动力系统中出现复杂行为的机理, 建议了著名的马蹄变换: 取一块长方形的 "橡皮", 沿垂直方向拉伸, 它自然在水平方向收缩, 形成一个细长的条带, 然后把条带折叠回来, 形成一个像马蹄的图形, 放回到原来长方形所曾占据的位置. 假想这里仍然是同原来长方形一样的 "橡皮". 马蹄落到长方形以外的部分舍弃不要; 落入长方形内的部分, 在橡皮上加以标记. 把对应原来长方形的部分, 重新施以拉伸、折叠、放回这一串变换. 注意, 第一次变换中形成的边界曲线和覆盖回去的位置, 以后各次变换中都必须严格重复. 原来长方形区域中有一批点, 在上述马蹄变换下成为不动点或周期点.

1985 年, 美国数学家约克 (J. A. Yorke) 和他的合作者推广了马蹄变换[49]. 他们取一个高维的几何对象, 只在一个方向上作拉伸和折叠, 同时允许折叠后的马蹄不完全放回原来位置. 为此他们引入了一个 "参量" μ: 当 $\mu = 0$ 时根本不放回原来的长方形中; 当 $\mu = 1$ 时按斯梅尔的办法, 把马蹄放回原来长方形的位置, 而上下两头都超出界限之外; 当 $0 < \mu < 1$ 时, 只把马蹄部分地放回去. 约克等人讨论了 μ 从 0 变到 1 的过程中可能出现的各种周期点的总数 $S(n)$. 他们给出的 $S(n)$ 数值同单峰映射 1 带区中的基本周期窗口数目一致. 基本周期窗口, 是指那些直接由切分岔诞生, 而不来自倍周期分岔的轨道. 用前面的记号, 就是 $S(n) = M(n)$.

第四, 周期轨道计数问题的另一个侧面我们早就见过了, 这就是**暗线方程的实根数目**. 单峰映射分岔图里的暗线由函数族 $P_n(\mu)$ 描述. 我们把决定这些函数的方程 (2.25) 再写一遍, 即

$$P_n(\mu) = C. \tag{5.28}$$

这个方程在一定参量区间里的实根数目, 就等于两个字母的符号动力学中所允许的超稳定周期字的数目. 当 n 比较大时, 挤在狭窄区间里的实根数目迅速增加 (见

表 5.2), 直接用数值方法求解方程 (5.28) 会遇到困难. 所幸, 该方程的每个根都可以分别用字提升法从相应的符号字精确地算出来.

综上所述, 我们至少知道了单峰映射周期轨道数目问题的八个侧面, 它们是:

(1) 用两种颜色的 n 块宝石构成的项链数目;

(2) 在群 $C_n \times S_2$ 操作下不变的周期序列数目;

(3) 在 $(1, 2)$ 区间上长度为 n 的有限 λ 自展开数目;

(4) 马蹄变换中不同周期 n 点的数目;

(5) 由暗线函数 $P_n(\mu)$ 决定的方程 (2.25) 或 (5.28) 在一定区间里的实根数目;

(6) 两个字母的符号动力学中长度为 n 的超稳定周期字数目;

(7) 重正化群不动点方程 (4.37), 即

$$\alpha^{-1} g(\alpha x) = g^{(n)}(x)$$

在条件 (4.35) 和 (4.36) 下的解的数目;

(8) 递推关系 (5.20) 或 (5.24) 所决定的周期窗口数目.

重要的是, 上述每一个侧面所反映的问题, 都可以独立地提出和解决, 而它们的答案分别是一些互相有联系的计数问题. 我们的叙述虽然经常借助抛物线映射的某些具体性质, 但周期轨道数目是整个单峰映射普适类的拓扑不变量. 因此, 以上八个方面之间有着深刻的内在联系. 更重要的是, 这些对应关系不止对于单峰映射成立, 事实上, 其中不少关系可以推广到更复杂的多峰一维映射. 我们在 §5.4 中将继续研究这些问题.

§5.4　多峰映射的周期窗口数目

我们在 §5.3 中讨论了单峰映射在整个参量范围内可以出现的周期轨道数目问题. 这个问题涉及代数学基本定理、排列组合、群论、数论、差分方程、递归函数, 以及重正化群方程解的数目等方方面面. 如果允许映射函数具有多峰, 即在定义区间上有多个极大和极小值, 也就是说, 具有多个参量, 那么它在整个参量空间里有多少个各种周期轨道呢? 这看起来是一个相当困难的问题. 然而, 在 1984 年到 1994 年的 10 年间, 本书笔者与合作者一起, 用几种不同方法完全解决了这个计数问题[50, 51].

一个多峰映射可以有许多退化的特殊情况. 周期数目问题的一般解应当包含这些特殊情形. 图 5.1 给出了有 $m = 6$ 个单调支的多峰映射的一些特例. 例如, 一个或多个揉序列可能被锁定在最大或最小值处, 如图 5.1(b), (d), (e), (f), (h) 及 (i) 所示. 又如, 两个或多个揉序列可能绑定在一起变化, 相当于只有一个参量. 在图 5.1(b), (c), (d), (g), (h) 和 (i) 中, 这些同时变化的临界点由虚线连结到一起.

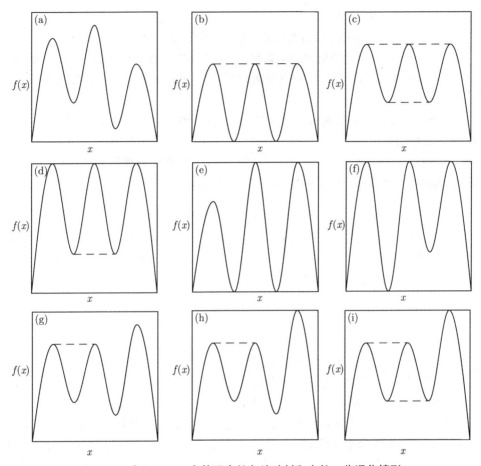

图 5.1　有 $m=6$ 个单调支的多峰映射和它的一些退化情形

图 5.1(b) 所示是一个单参量映射. 我们将看到, 这个映射是解决整个计数问题的关键. 我们把这个单参量映射的周期 n 轨道数目记做 $N_6(n)$(或 $N_m(n)$, 如果映射有 m 个单调支). 我们在 §5.3 中研究过的抛物线映射的周期数目就是 $N_2(n)$. 计算或枚举 $N_2(n)$ 的许多不同方法, 可以直接推广到 $N_m(n)$. 所有其他退化情况下的周期数目, 都可以通过 $N_k(n)$, $k \leqslant m$ 的各种组合得到. 我们先列举一些结果, 再继续讨论 $N_m(n)$ 的计算:

(1) 图 5.1(e) 以及 (f) 中所示和其他类似情形的单参数映射的周期数目由 $N_6(n)-N_4(n)$ 给出. 对于具有 m 个单调支的多峰映射, 相应数目由

$$N_m(n) - N_{m-2}(n) \tag{5.29}$$

给出.

(2) 图 5.1(d) 中映射的周期数目由 $N_6(n) - N_2(n)$ 给出. 相应的一般情形由

$N_m(n) - N_{m-2\times2}(n)$ 给出.

(3) 图 5.1(i) 中所示映射的周期数目是 (d) 的两倍, 即 $2[N_6(n) - N_2(n)]$.

(4) 图 5.1(c) 中所示映射的周期数目是 (b) 和 (d) 两者之和, 即 $2N_6(n) - N_2(n)$.

(5) 图 5.1(h) 中所示映射的周期数目是 (d) 和两倍 (c) 之和, 即 $3N_6(n) - [N_2(n) - 2N_4(n)]$.

(6) 图 5.1(g) 中所示映射的周期数目是 (d) 和三倍 (e) 之和, 即 $4N_6(n) - [N_2(n) - 3N_4(n)]$.

(7) 最后, 一般的 $m = 6$ 的映射 (见图 5.1(a)) 的周期数目是 $5[N_6(n) - N_4(n)]$. 对于一般的 m 个单调支的多峰映射, 周期数目是

$$(m - 1)[N_m(n) - N_{m-2}(n)].$$

在更一般的情形下, 当一个具有 m 个单调支的多峰映射, 有 k_1 个临界点独立变化, 有 k_2 对极大 (或极小) 值同时变化, 有 k_3 组三个极大 (或极小) 值同时变化, 等等, 则周期 n 的超稳定轨道的总数为

$$N = \sum_{i=1} k_i[N_m(n) - N_{m-2i}(n)], \tag{5.30}$$

其中

$$k_1 \times 1 + k_2 \times 2 + k_3 \times 3 + \cdots = m.$$

这些式子将在下面逐步讨论和推导出来.

现在我们回到关键的量 $N_m(n)$ 和相应计数问题饶有兴味的方方面面.

第一, 符号动力学中的允许字数目. 我们把一维动力学的相空间, 即线段 I, 用映射 f 的极大和极小值分割成子区间. 映射 f 在每个子区间上单调变化, 每个子区间用一个符号标记. 图 5.2 是分割的示意, 其中三个临界点 C_i, D_k 和 C_j 附近的映射 f 的单调支用 $I_i, I_{i+1}, I_k, I_{k+1}$, 以及 I_j 和 I_{j+1} 标记. 我们在后面的讨论中要使用这些记号.

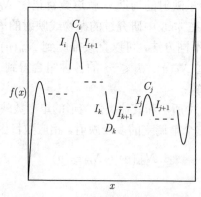

图 5.2　一般的连续多峰映射示例

顺便指出，当单调支的数目 m 是偶数时，我们把映射的两个端点固定在左右最低处，如图 5.1 所示. 如果 m 是奇数时，映射的两个端点要以一高一低的方式固定在对角线两端，如图 5.2 所示. 对于单位线段 $(0,1)$，

$$f(0) = 0, \quad f(1) = \begin{cases} 0, & \forall \ m \ \text{为偶数}, \\ 1, & \forall \ m \ \text{为奇数}. \end{cases} \tag{5.31}$$

这种"归一"，是为了得到周期数目的普适结果.

一维映射的所有非平庸的动力学行为都发生在动力学不变区间里. 对于多峰映射，动力学不变区间是所有

$$(f^{(2)}(C_i), f(C_i))$$

类型和

$$(f(D_j), f^{(2)}(D_j))$$

类型区间的"并". 我们忽略掉可能的平庸的过渡过程，只考虑动力学不变区间上发生的事情. 一般说来，不是任意符号序列都可以对应动力学中的轨道. 为了在某一个参量值下能成为揉序列，符号序列 Σ 必须满足如下的基于排序规则的允字条件:

$$\mathcal{S}_i(\Sigma), \mathcal{S}_{i+1}(\Sigma) \leqslant K_{C_i}, \quad K_{D_j} \leqslant \mathcal{S}_j(\Sigma), \mathcal{S}_{j+1}(\Sigma), \tag{5.32}$$

加上某些揉序列应满足的等式，如果它们要绑定变化. 在 (5.32) 式里，$\mathcal{S}(\Sigma)$ 标记序列 Σ 中跟随各个字母 I 的子序列的集合. 当一个极大 (极小) 点 $C(D)$ 达到单位方块的顶 (底) 时，相应的揉序列为所有可能揉序列中最大 (最小) 者. 因此，这时不必去检验 $K_C(K_D)$ 所满足的条件.

很容易把排序法则和允字条件程序化，用以产生和计数给定长度的周期数目. 而且，这种"强行"计数的办法并不限于连续的映射函数. 它提供可以与其他方法比较的周期数目. 事实上，我们在以下各段里描述的计算公式，都曾用这种直接计数检验过.

第二，**切分岔和倍周期分岔的数目**. 存在几套决定周期数目的递归关系. 在一维映射中，一条周期 n 轨道总是由切分岔或倍周期分岔产生. 我们把由切分岔产生的周期数目记为 $M(n)$，而把倍周期分岔产生的周期数目记为 $P(n)$. 由于倍周期分岔不能产生奇数周期的轨道，我们总有

$$P(2k+1) = 0, \quad \forall \ k \geqslant 0. \tag{5.33}$$

不论一条周期 k 轨道自己是怎样产生的，它总可以发生倍周期分岔. 因此，

$$P(2k) = P(k) + M(k) = N(k), \quad \forall \ k \geqslant 1, \tag{5.34}$$

其中 $N(k)$ 是周期 k 轨道的总数. 由于在切分岔处稳定和不稳定周期轨道总是成对产生, 当我们考虑方程 $x = f^{(n)}(\mu, x)$ 的根的数目时, 必须在 M 之前乘以因子 2,

$$2^n = \sum_{\{d:d|n\}} d[2M(d) + P(d)]. \tag{5.35}$$

为了简化记号, 我们令

$$C(d) \equiv d[2M(d) + P(d)],$$

而把 (5.35) 式写成

$$2^n = \sum_{\{d:d|n\}} C(d). \tag{5.36}$$

公式 (5.33) 和 (5.36) 就是计算 $P(n)$、$M(n)$ 和周期总数

$$N(n) = M(n) + P(n) \tag{5.37}$$

的递归关系.

为了把递归关系推广到 m 阶的多项式映射, 我们必须区分 m 的奇偶. 偶数 m 的情形很简单, 只须把 (5.36) 式左面的 2 换成 m, 得到

$$m^n = \sum_{\{d:d|n\}} C(d), \quad \forall \ 偶数 \ m, \tag{5.38}$$

而公式 (5.33) 和 (5.34) 不变.

在归一条件 (5.31) 下, m 为奇数的映射函数总在 $x = 1$ 处有一个不动点, 它对于任意 n 都导致平庸的周期 1 轨道. 因此, 一般公式为

$$m^n = \sum_{\{d:d|n\}} C(d) + 1, \quad \forall \ 奇数 \ m. \tag{5.39}$$

公式 (5.38) 和 (5.39) 可以合并写成

$$m^n = \sum_{\{d:d|n\}} C(d) + s(m), \quad \forall \ m \geqslant 2, \tag{5.40}$$

其中

$$s(m) = m \ (\mathrm{mod} \ 2) = \begin{cases} 0, & m \ 偶, \\ 1, & m \ 奇. \end{cases}$$

我们可以借助默比乌斯逆变换公式 (5.26) 把 (5.40) 式解出来:

$$C_m(n) = \sum_{\{d:d|n\}} \mu(d)m^{n/d} - s(m)I(m), \tag{5.41}$$

其中 $I(n)$ 是数论中的单位函数, 见 (5.6). 可见 $s(m)$ 只在 m 为奇数时影响 $C_m(1)$ 的数值.

许多作者都曾经使用递归关系来计算单峰映射, 即 $m=2$ 时的周期轨道数目. 以上所述是对一般 m 的推广.

第三, 我们再讨论一下**周期轨道总数的递归公式**. 可以从公式 (5.40) 直接推导出周期轨道数目 $N_m(n)$ 的一个简单递归公式. 在 (5.40) 式求和中减去和加上同一项 $dP_m(d)$, 得到

$$m^n - s(m) = 2\sum_{\{d:d|n\}} dN_m(d) - \sum_{\{d:d|n\}} dP_m(d). \tag{5.42}$$

假设周期数 n 可以分解成

$$n = 2^k n', \quad k \geqslant 0, \quad n' \text{ 为奇数}, \tag{5.43}$$

则任何的 $2^j d'$ (其中 $0 \leqslant j \leqslant k$, $d'|n'$) 都是 n 的因子. 因此, 对 $d|n$ 的求和可以写成

$$\sum_{\{d:d|n\}} \cdots = \sum_{j=0}^{k} \sum_{\{d:d|n'\}} \cdots.$$

结果, (5.42) 式成为

$$m^n - s(m) = 2\sum_{j=0}^{k} \sum_{\{d:d|n'\}} 2^j dN_m(2^j d) \sum_{j=1}^{k} \sum_{\{d:d|n'\}} 2^j dP_m(2^j d).$$

根据 (5.33) 式, 上式第二个求和中的 $j=0$ 项消失. 利用 (5.34) 和 (5.37) 式, 我们得到

$$m^n - s(m) = 2\sum_{j=0}^{k} \sum_{\{d:d|n'\}} 2^j dN_m(2^j d) - 2\sum_{j=1}^{k} \sum_{\{d:d|n'\}} 2^{j-1} dN(m)(2^{j-1}d).$$

容易看出来, 第一个求和中除了 $j=k$ 项外全部互相抵消. 我们最终得到

$$m^n - s(m) = 2\sum_{\{d:d|n'\}} 2^k dN_m(2^k d), \tag{5.44}$$

其中 n' 是在 (5.43) 式中定义的. 再次利用默比乌斯逆变换公式 (5.5), 我们得到 $N_m(n)$ 的明显表达式:

$$N_m(n) = \frac{1}{2n} \sum_{\{d:d|n'\}} \mu(d) m^{n/d} - s(m)I(n'). \tag{5.45}$$

在使用上面公式时, 必须注意 n 和 n' 的差别, 即 (5.43) 式. 特殊地说, 对于奇数 m, $s(m)$ 这时要影响到所有 2 的幂次, 即

$$n = 2^k, \quad k = 0, 1, \cdots$$

的周期. 这与 (5.41) 式成为对照, 那里只有 $n = 1$ 项受到影响.

  第四, 周期序列的对称类型. 我们在 §5.3 中已经知道, $m = 2$ 映射的周期数目同用 q 种颜色的宝石制作项链的数目有密切关系, 后者涉及群 $C_n \otimes S_q$ 的性质. 这是 20 世纪 50 年代就已经知晓的结果[46, 47].

  人们早就知道, 群 $C_n \otimes S_3$ 不能解决立方映射的周期数目问题[43, 52, 53]. 曾婉贞指出, 对于反对称的立方映射, 群 $C_n \otimes S_2 \otimes S_2$ 可以给出正确的周期数目. 但是, $m \geqslant 3$ 的一般情况又当如何呢?

  事实是, 对于 $m \geqslant 3$ 的一般情况, 周期数目不再同项链问题有那么简单的联系. 但是, 可以沿着文献 [47] 的思路, 利用波伊阿定理求得一般公式.

  考虑如图 5.1(b) 所示的退化型的映射. 它有 m 个单调支, 每个支用一个字母标志, 共有 m 个符号. 整数 m 可奇可偶. 我们考虑的对象是周期为 n 的符号序列. 周期性意味着在 n 阶循环群 C_n 作用下不变. 这个特殊类型的映射只有一个揉序列, 由绑定在一起变化的极大值决定. 因此, 允字条件回归到移位最大性. 在一个周期序列的各个移位中, 必有一个移位最大序列. 根据 §2.6 表述的周期窗口定理, 我们可以把一个极值点附近的两个符号互换, 而不影响移位最大性, 见 (2.47) 式.

  例如, 当 $m = 6$ 时, 我们可以使用如下的字母:

$$L < C_1 < M < D_1 < N < C_2 < P < D_2 < Q < C_3 < R; \tag{5.46}$$

而当 $m = 7$ 时, 我们可以使用如下的字母:

$$L < C_1 < M < D_1 < N < C_2 < P$$
$$< D_2 < Q < C_3 < S < D_3 < R. \tag{5.47}$$

在前一种情形下, 把周期序列变成等价序列的变换 $\mathcal{T}$ 是

$$\mathcal{T} : \begin{cases} L \leftrightarrow M, \\ N \leftrightarrow P, \\ Q \leftrightarrow R; \end{cases} \tag{5.48}$$

在第二种情形下, 变换 $\mathcal{T}$ 是

$$\mathcal{T} : \begin{cases} L \leftrightarrow M, \\ N \leftrightarrow P, \\ Q \leftrightarrow S, \\ R \ \text{不变}. \end{cases} \tag{5.49}$$

显然, $\mathcal{T}^2 = e$ 是一个 2 阶群的单位元素, 我们把这个群记做 T_2(所有的 2 阶群都是同构的). 换言之, 群 T_2 有两个元素 $(\mathcal{T}, e)$. 循环群 C_n 的元素是 $(E, p, p^2, \cdots, p^{n-1})$, 其中 E 是单位元素, 而 p 是置换操作

$$(123 \cdots n) : p^n = E.$$

我们要研究的群是 $G = C_n \otimes T_2$, 它的元素取自集合

$$(Ee, E\mathcal{T}, \cdots, p^{n-1}e, p^{n-1}\mathcal{T}).$$

为了推导出计数公式, 我们先考虑最简单的情形, $n = 1$. 这时, 群 G 只有两个元素 Ee 和 $E\mathcal{T}$. 对于由 $n = 1$ 种符号组成的对象, 共有 m 种选择. 它们在单位元素 Ee 作用下不变. 对于偶数 m, 在 $E\mathcal{T}$ 作用下没有不变的对象; 对于奇数 m, 总有一个不变对象 R, 这是由 (5.49) 式最后一行所致. 因此, 我们有

$$I(Ee) = m, \quad I(E\mathcal{T}) = \begin{cases} 0, & m \text{ 是偶数}, \\ 1, & m \text{ 是奇数}. \end{cases} \tag{5.50}$$

波伊阿定理 (5.10) 给出

$$F_m^*(1) = \begin{cases} m/2, & m \text{ 是偶数}, \\ (m+1)/2, & m \text{ 是奇数}. \end{cases} \tag{5.51}$$

当 $n = 2$ 时, 群 G 有 4 个元素: $Ee, E\mathcal{T}, pe, p\mathcal{T}$. 对于由两个符号组成的对象, 一共有 m^2 种选择. 容易看出,

$$I(Ee) = m^2, \quad I(E\mathcal{T}) = \begin{cases} 0, & m \text{ 是偶数}, \\ 1, & m \text{ 是奇数}, \end{cases} \tag{5.52}$$
$$I(pe) = I(p\mathcal{T}) = m.$$

波伊阿定理给出

$$F_m^*(2) = \begin{cases} (m^2 + 2m)/4, & m \text{ 是偶数}, \\ (m^2 + 2m + 1)/4, & m \text{ 是奇数}. \end{cases} \tag{5.53}$$

为了看出规律性, 我们把 $n = 3, 4$ 时的 $I(t)$ 列在表 5.3 中.

表 5.3 当 $n = 3, 4$ 时在 $C_n \otimes T_2$ 作用下不变的对象数目

		$I(Ee)$	$I(E\mathcal{T})$	$I(pe)$	$I(p\mathcal{T})$	$I(p^2e)$	$I(p^2\mathcal{T})$	$I(p^3e)$	$I(p^3\mathcal{T})$
$n = 3$	m 偶	m^3	0	m	0	m	0		
	m 奇	m^3	1	m	1	m	1		
$n = 4$	m 偶	m^4	0	m	m	m^2	m^2	m	m
	m 奇	m^4	1	m	m	m^2	m^2	m	m

现在我们可以把波伊阿定理中的求和分成两部分:

$$\sum_{t \in C_n \otimes T_2} I(t) = \sum_{j=1}^{n} I(p^j e) + \sum_{j=1}^{n} I(p^j \mathcal{T}). \qquad (5.54)$$

上式右端第一项是在循环群 C_n 作用下不变的对象数目, 最早在文献 [47] 中给出

$$\sum_{j=1}^{n} I(p^j e) = \sum_{j=1}^{n} m^{(n,j)} = \sum_{\{d:d|n\}} \varphi(d) m^{n/d}.$$

右端第二项也可以用类似的办法变换成

$$\sum_{j=1}^{n} I(p^j \mathcal{T}) = \sum_{j=1}^{n} \overline{m}^{(n,j)} = \sum_{\{d:d|n\}} \varphi(d) \overline{m}^{n/d},$$

其中 $\overline{m}$ 由表 5.4 给出[①].

表 5.4　$\overline{m}$ 的数值

	m 偶	m 奇
d 偶	m	m
d 奇	0	1

群 $C_n \otimes T_2$ 是 $2n$ 阶的. 因此, 我们得到最终结果

$$F_m^*(n) = \frac{1}{2n} \sum_{\{d:d|n\}} \varphi(d)(m^{n/d} + \overline{m}^{n/d}). \qquad (5.55)$$

我们要请读者回顾一下 §5.3 中讨论过的 $F_m^*(n)$ 和 $F_m(n)$ 的差别. 前者的 n 可能是更短的周期的倍数. 为了得到基本周期 n 的数目

$$F_m(n) = N_m(n), \quad n > 1,$$

须利用它们之间的关系 (5.25) 和 (5.26) 式. 特别要注意, 当 m 为奇数时, $F_m(1) = N_m(1) + 1$, 因为 R 在变换 (5.49) 下不变, 但是它并不对应一个超稳定不动点. 事实上, 对于任意 n 都存在着 R^n. 我们从 (5.45) 式知道, 它只对 $n = 2^k$ 有贡献.

对于奇数 m, 映射函数可能具有反对称性, 即在反演 $x \to -x$ 下不变. 这已经以符号形式体现在变换 (5.49) 中. 这种情况下, 周期轨道区分为对称和非对称的. 非对称轨道的数目是 (5.55) 式或其他等价公式所给数目的一半, 其结果相当于取群 $C_n \otimes S_2 \otimes S_2$, 这就是曾婉贞最初研究反对称立方映射周期数目时所利用的群. 对称轨道必须具有偶数周期 $n = 2k$. 它们在周期制度下可以发生对称破缺分岔而成为同一周期的非对称轨道, 然后经过倍周期分岔序列进入混沌制度, 在混沌制度下再经历对称恢复突变, 而成为对称的混沌轨道. 并不是所有偶数周期的轨道都可

---

① 我们借此机会指出, 文献 [7] 第 369 页表 7.4 所列 $\overline{m}$ 有误, 应以此处为准.

以发生对称破缺分岔, 它们的数目等于周期 k 的非对称轨道的数目 $N_m(k)$. 文献 [25] 曾经用符号动力学研究了 $m = 3$ 的反对称映射的对称破缺和对称恢复, 那里的主要结论适用于一切奇数 m 的反对称映射.

为了避免误解, 我们要强调指出, 虽然解决多峰映射周期数目问题的群形式上同单峰映射一样, 仍然是 $C_n \otimes S_2$ (一切 2 阶群都是同构的, S_2 和 T_2 是一回事), 但是要按照 (5.48) 和 (5.49) 式来理解.

第五, **递归关系的显式解**. 前面引入的各种递归关系的显式解, 通常包含某些数论函数, 例如默比乌斯函数 $\mu(n)$ 或欧拉函数 $\varphi(n)$. 然而, 总可以得出不包含数论函数的等价结果.

事实上, 对于 $m = 2, 3$ 的映射, 文献 [48] 曾经利用代数方程根的数目守恒, 求得与前文递归关系等价的明显表达式. 后来, 黄永念[54] 观察到, 这些关系实际上对于更大的 m 也都成立. 这些不含数论函数的表达式看起来都颇为繁复, 然而它们的许多正负项会互相抵消. 实际上, 数论函数的作用就在于自动实现抵消, 只留下比较简捷的结果. 因此, 可以认为文献 [48] 所给公式用处不大.

第六, **实数的 λ 自展开**. 我们在 §5.3 中已经提到, 德瑞达等人[17] 借助人字映射说明, 单峰映射的周期数目与区间 $1 < \lambda < 2$ 上具有有限项的 λ 自展开的数目相同. 这样的 λ 自展开很容易推广到具有 m 个单调支的映射.

考虑一个把线段 $(0, m)$ 映射到自身的 m 支的分段线性函数, 见图 5.3. 我们把这些单调支按下面的方式参量化:

$$f(x) = \lambda\alpha_i x - \lambda\beta_i, \quad \lambda \in (1, m), \tag{5.56}$$

其中

$$\alpha_i = 1, \beta_i = 2i, 2i \leqslant x \leqslant 2i + 1, i = 0, 1, \cdots, [(m-1)/2]$$

$$\alpha_i = -1, \beta_i = -2i, 2i - 1 \leqslant x \leqslant 2i, i = 1, 2, \cdots, [m/2].$$

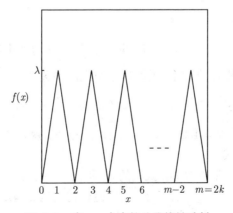

图 5.3　有 m 个支的分段线性映射

从一个初值点 $x_0 \in (1, m)$ 开始，我们得到以下迭代：

$$x_1 = f(x_0) = \lambda \alpha_0 x_0 - \lambda \beta_0,$$
$$x_2 = f(x_1) = \lambda^2 \alpha_1 \alpha_0 x_0 - \lambda^2 \alpha_1 \eta_0 - \lambda^2 \beta_2,$$
$$\vdots \quad \vdots \quad \vdots \qquad \vdots$$
$$x_n = f(x_{n-1}) = \lambda^n \alpha_{n-1} \lambda_{n-2} \cdots \alpha_1 \alpha_0 x_0$$
$$- \sum_{i=0}^{n-i} \lambda^{n-1} \alpha_{n-1} \lambda_{n-2} \cdots \alpha_{i+1} \beta_i.$$

对于周期 n 轨道，有 $x_n = x_0$. 我们再取 $x_0 = \lambda$. 把最后一个等式的各项都乘以 $\alpha_{n-1} \alpha_{n-2} \cdots \alpha_1 \alpha_0$，并且注意到

$$\alpha_i^2 = 1, \quad \forall i,$$

我们得到

$$\lambda = \frac{(\beta_{n-1} + 1) \alpha_{n-1} \alpha_{n-2} \cdots \alpha_1 \alpha_0}{\lambda^{n-1}} + \sum_{i=0}^{n-2} \frac{\beta_i \alpha_i \alpha_{i-1} \cdots \alpha_0}{\lambda^i}. \qquad (5.57)$$

在推导上式时，我们把各项都除以 λ^n，并且重组了各项. 现在，只须引入新的记号

$$A_i = \beta_i \alpha_i \alpha_{i-1} \cdots \alpha_0, \ \ i = 0, 1, \cdots, n-2,$$
$$A_{n-1} = (\beta_{n-1} + 1) \alpha_{n-1} \alpha_{n-2} \cdots \alpha_1 \alpha_0, \qquad (5.58)$$

我们就得到 $\lambda \in (1, m)$ 按它自己的倒数幂次的展开式

$$\lambda = \sum_{i=0}^{n-1} \frac{A_i}{\lambda_i}. \qquad (5.59)$$

显然，不是任意挑选的一组 $\{A_i\}$ 都可以导致实数 $\lambda \in (1, m)$ 的自展开式. 德瑞达等人[17] 讨论了 $m = 2$，而曾婉贞[53] 研究了 $m = 3$ 时这些 $\{A_i\}$ 应满足的条件. 这些条件归结为以下不等式：

$$\pm(A_i, A_{i+1}, A_{i+2}, \cdots) \leqslant (A_0, A_1, A_2, \cdots), \ \ i = 1, 2, \cdots, \qquad (5.60)$$

上式中的比较是逐项进行的. 如下的两串系数之间的关系

$$(c_1, c_2, \cdots, c_{k-1}, c_k, \cdots) \leqslant (d_1, d_2, \cdots, d_{k-1}, d_k, \cdots)$$

成立，只需要 $c_i = d_i$, $\forall i = 1, 2, \cdots, k-1$，而 $c_k \leqslant d_k$. 换言之，第一次出现的不等关系就决定整个不等式.

可以写一个程序来生成 (5.56) 式里的 α_i 和 β_i, $i = 1, 2, \cdots, m$，然后根据 (5.58) 式来形成乘积 A_i, $i = 1, 2, \cdots, n-1$，最后检查它们是否满足条件 (5.60). 这样得到的数字，与用其他方法求得的 $N_m(n)$ 相同.

第七，**暗线方程的根的数目**. 我们在 §2.4 中讨论了单峰映射分岔图里全部暗线的方程. 那里也给出了多峰映射的暗线方程组 (2.25):

$$P_0^{(i)}(\mu) = C_i,$$
$$P_{n+1}^{(i)}(\mu) = f(\mu, P_n^{(i)}(\mu)).$$

这里临界点不仅是极大位置 C_i，也包括前面曾记为 D_i 的极小位置. μ 代表所有的参量，最好通过揉序列表示. 当我们固定除了一个揉序列以外的所有参量，如下方程

$$P_n^{(i)}(\mu) = C_i$$

的实根决定沿相应参量轴的超稳定周期 n 的数目. 我们不久将看到，这个数目为 $N_m(n) - N_{m-2}(n)$.

第八，**斯梅尔马蹄形成过程中的鞍点数目**. 约克等人[49] 推广了斯梅尔马蹄的构造程序，允许在折叠以后不把"橡皮"完全放回原来的位置. 他们引入一个拓扑参量 $0 < \mu < 1$ 来描述这个过程. 斯梅尔最初的构造，相当于拓扑满映射 $\mu = 1$. 在 μ 从 0 变到 1 的过程中，要出现各种周期 n 的鞍点分岔. 约克等的文章列出了 $S(n)$ 的数值表. 实际上这些 $S(n) = M(n)$，$M(n)$ 是我们在前面已经引进的符号. 直观上，只要允许"橡皮"做多次折叠再放回去，这一变换就可以对应多峰映射.

表 5.5 列出了在多峰映射周期计数问题中起关键作用的量 $N_m(n)$，$m = 3, 4$, $\cdots$, 7. 对于单峰映射 $m = 2$，$N(n) \equiv N_2(n)(n \le 20)$ 的数值已经在表 5.2 中给出，其他各种量 $M_m(n)$，$P_m(n)$ 和 $C_m(n)$ 都容易从前面列举的相关公式求得.

表 5.5 退化的 m 支的单参量多峰映射的周期数目 $N_m(n)$

n	$m = 3$	$m = 4$	$m = 5$	$m = 6$	$m = 7$
1	1	2	2	3	3
2	2	4	6	9	12
3	4	10	20	35	56
4	10	32	78	62	300
5	24	102	312	777	1680
6	60	340	1300	3885	9800
7	156	1170	5580	19995	58824
8	410	4096	24414	104976	360300
9	1092	14560	108500	559860	2241848
10	2952	52428	488280	3023307	14123760

有了 $N_m(n)$ 以后，我们就可以给出任何连续的多峰映射的超稳定周期，即超稳定揉序列的数目. 作为实例，这里只考察退化的多峰映射中的一个，即图 5.1(e) 和 (f) 情形的周期数目. 不去仔细分析允字条件，而直接观察图 5.4 所形象地表示的关系，就可以明白公式 (5.29) 的由来.

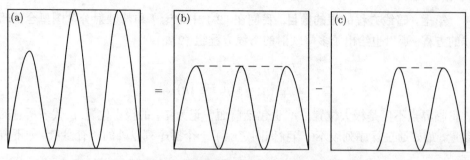

图 5.4   周期数目公式 (5.29) 的推导

以上讨论全部针对连续映射. 对于某些包含断裂的映射函数, 例如裂峰映射和所谓洛伦茨类型的映射, 也可以比较系统地计算出周期轨道数目[55].

§5.5   周期轨道与纽结

三维空间里封闭的绳圈, 数学上叫做纽结 (knot). 关于纽结, 姜伯驹的著作 [56] 是很好的入门读物. 如果可以把绳圈连续地缩小, 最后缩成一个点, 它就不是一个真正的纽结, 而是"非纽结"或"平庸纽结"(unknot). 如果绳圈上打过某种结, 就不一定能连续地缩成一个点. 通常把绳圈投影到二维平面里来研究, 这时要仔细地标明交叉点附近绳子的上下穿法, 如图 5.5 和 5.6 所示.

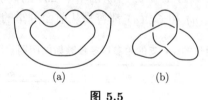

(a)   (b)

图 5.5

(a) 是最简单的非平庸 K_3 纽结, 它等价于 (b) 中的三叶结

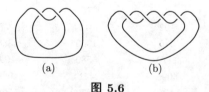

(a)   (b)

图 5.6

(a) 最简单的 K_2 链环; (b) 一个 K_4 纽结

我们只考虑一类比较简单的环链环 (torus link). 可以用平面投影中相交点的数目 n 把它们标记为 K_n 型. 图 5.5(a) 给出一个 K_3 型纽结. K_1 只能是平庸纽结, 我们没有画图. 图 5.5(a) 的 K_3 是最简单的非平庸纽结, 它等价于图 5.5(b) 的三叶结. 图 5.6(a) 的 K_2 型纽结实际上是两个解不开的绳圈, 这是一个最简单的链环

(link). 图 5.6(b) 是一个 K_4 组结，它也是两个圈组成的链环. 当 n 是奇数时，K_n
总是一个绳圈的纽结；当 n 为偶数时，K_n 是两个绳圈组成的链环.

　　当平面图里有多个交叉点时，很难判断两个纽结是否等价. 作为拓扑学的篇
章，纽结理论里有系统的变换方法来实行简化，还发展了各种多项式作为纽结的不
变量. 有趣的是，同非线性动力系统的周期谱一样，纽结对应的多项式也是不完全
不变量. 图 5.7(a) 是简化纽结平面图所用的三种瑞德迈斯特 (Reidemeister) 变换.

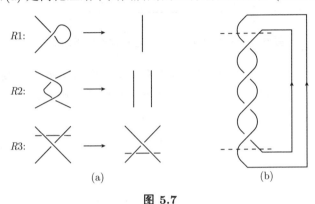

图 5.7

(a) 三种瑞德迈斯特变换；(b) K_4 链环的辫子表示

　　数学家们已经列举和分类了交叉点数不太多的纽结和链环. 纽结还可以表示成
"辫子"，例如图 5.7(b) 就是 K_4 链环的辫子表示，而辫子群是置换群的一种推广.
如果不是在 20 世纪 80 年代发现了同统计物理和可积系统的重要关系，纽结理论
或许一直只是数学家手里的玩物. 我们不去介绍这些进展，有兴趣的读者可以参看
专著和综述 [57, 58].

　　我们在本书里加写这一节，是希望读者注意纽结理论与非线性动力系统中周
期轨道的极其自然的关系. 这种关系迄今还没有得到足够重视，而一维映射可以提
供一条进入问题的捷径.

　　一个非线性系统，例如洛伦茨模型的混沌吸引子由无穷多条不稳定周期轨道
支撑起骨架. 任意取一条周期轨道，它当然是一个纽结. 它是平庸还是非平庸的纽
结？从吸引子里取两条周期轨道，它们形成链环吗？研究表明，这里有许多非平庸
的纽结和链环 (可以参看 [59, 60] 及其所引文献).

　　纽结是三维空间里的对象，它却可以借助一维映射来研究. 这才是本节的重点
所在. 还是考虑抛物线映射

$$x_{n+1} = 1 - \mu x_n^2,$$

它把区间 $I = (-1, 1)$ 映射到自身. 特别对于 $\mu = 2$ 的满映射，左半区间 I_L 被拉长
到整个区间 I 而且方向不变，右半区间 I_R 也拉长到整个区间，但方向被倒过来.

这个过程在下一章的图 6.2 中还要再画一次. 为了同纽结和辫子建立联系, 我们把那幅图横过来画在图 5.8 中. 用这幅图做框架, 可以演示如何从超稳定周期轨道的符号字得到纽结.

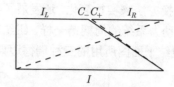

图 5.8　子线段 I_L 和 I_R 在一次迭代下的变换

第一个例子是 1 带混沌区里的超稳定周期 4 轨道 $(RLRC)^{\infty}$. 我们将看到, 它给出最简单的非平庸纽结 —— 三叶结. 为此先写出它的轨道点:

$$
\begin{aligned}
x_1 &= RLRC\cdots, \\
x_2 &= LRCR\cdots, \\
x_3 &= RCRL\cdots, \\
x_4 &= CRLR\cdots.
\end{aligned}
\tag{5.61}
$$

根据 §2.6 中介绍的符号字排序规则, 这些点的顺序是

$$x_2 < x_4 < x_3 < x_1.$$

这些点在一维线段上的访问顺序如图 5.9(a) 所示. 如果像图 5.8 那样, 把线段 I 上下拉开成为两条平行线, 再进一步设想有一块方形的橡皮薄膜, 上边与 I_L 重合, 下边拉长后同 I 重合, 形成一个梯形, 另有一块橡皮薄膜, 上缘与 I_R 重合, 然后拉伸并且向后翻转 180 度, 使其倒过序来在下边同 I 重合, 第二块橡皮薄膜处于第一块的后面, 这样, 四个点之间的访问就如图 5.9(b) 所示, 由第一块橡皮薄膜上的实线和第二块上的虚线代表. 实线由上面的左半线段 I_L 伸到下面的线段 I, 保持大小顺序, 因此它们自己不相交. 虚线由上面的右半线段 I_R 伸向下面的 I, 但点的顺序要倒过来, 造成一次相交, 而且 $1 \to 3$ 在 $2 \to 4$ 后面. 两条实线在两条虚线的上面, 它们之间的 4 个相交点, 一定是实线在上, 虚线在下. 这样, 图 5.9(b) 中的 5 个相交点, 相交方式全部确定.

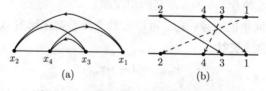

图 5.9　周期 $(RLRC)^{\infty}$ 的轨道点

(a) 访问顺序; (b) 线段 I 上下拉开后轨道有 5 个相交点

　　把图 5.9(b) 稍加整理, 可以画成图 5.10 所示的辫子. 注意在纽结的辫子表示中, 所有的交叉点都在上下两边之间, 辫子外面是一些互不相交的曲线, 它们把上下同标号的点连起来. 这样, 图 5.10 中最左面和最右面的两个交点, 可以使用图 5.7(a) 里的瑞德迈斯特变换 $R1$ 消除掉, 剩下一个 K_3 型纽结, 即一个三叶结.

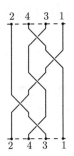

图 5.10　周期 $(RLRC)^\infty$ 轨道点的辫子表示

　　用类似的办法, 可以分析所有短周期轨道. 可以看出 $(RL^nC)^\infty$ 轨道都对应平庸纽结, $(RL^nRC)^\infty$ 轨道对应三叶结, 而

$$(RLR^2C)^\infty, (RL^2R^2C)^\infty, (RL^2RLC)^\infty$$

轨道对应 K_5 型纽结等.

　　第二个例子是两条周期轨道形成的链环. 考虑单峰映射中唯一的周期 2 和周期 3 超稳定轨道 $(RC)^\infty$ 和 $(RLC)^\infty$, 它们自己都对应平庸纽结. 然而它们失稳后在混沌吸引子里成为 $(RL)^\infty$ 和 $(RLL)^\infty$ 以后, 就形成一个链环. 它们的 5 个轨道点的排列顺序是

$$LLR < LR < LRL < RL < RLL.$$

仿照前面的做法, 得到如图 5.11 所示的辫子, 其中周期 2 的点用 a 和 b 标记, 周期 3 的点用数字注明.

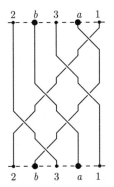

图 5.11　由 $(RL)^\infty$ 和 $(RLL)^\infty$ 两条轨道形成的辫子

单个纽结的类型和多个纽结的链环类型都是拓扑不变量. 从动力系统和符号动力学的角度, 我们更关心链环的一种数值不变量 —— **环绕数** Lk. 首先给每个交叉点定义一个符号: 把交叉点上面的箭头按最近的方式转动向下面的箭头, 逆时针令 $\epsilon = +1$, 顺时针取 $\epsilon = -1$, 见图 5.12. 如果有两个纽结 α 和 β, 则只计算来自不同的纽结的交叉点, 纽结的自交叉不算. 这样得到环绕数

$$Lk(\alpha, \beta) = \frac{1}{2} \sum_{p \in \alpha \cap \beta} \epsilon(p). \tag{5.62}$$

考察前面为单峰映射的周期轨道构造辫子的方法, 可见所有的交叉点都对应 $\epsilon = -1$. 因此, 只要数一下链环中来自不同的纽结的交叉点数目, 就得到环绕数. 这样, $(RL)^\infty$ 和 $(RLL)^\infty$ 的环绕数是 -2.

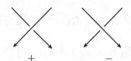

图 5.12   交叉点的符号

应当指出, 以上讨论全部针对单峰映射或与之拓扑等价的人字映射. 对于 §2.6 的图 2.13 中其他三种分段线性映射, 从符号字到纽结的操作过程在具体做法上有所不同. 一般地说, 周期轨道与纽结理论的关系并没有完全阐明, 还有许多有待研究解决的问题. 我们在本节以及文献 [7] 第 9 章里, 都只是强调了一维映射的符号动力学可能发挥作用.

第 6 章　混 沌 映 射

从这一章开始，我们着手研究抛物线映射中目前已经理解得比较透彻的一大类混沌行为. 我们先考察最简单的满映射，然后借助一点符号动力学，引入"粗粒混沌"的概念，把从满映射学到的知识，推广到一大类混沌映射.

§6.1　满　映　射

回到我们已经很熟悉的抛物线映射的分岔图 2.5. 图中最右面的参量值是 $\mu = 2$，对应我们在 §1.3 里已经提到过的满映射

$$x_{n+1} = 1 - 2x_n^2, \tag{6.1}$$

见图 6.1. 它之所以被称为满映射，是因为它把线段 $(-1, 1)$ 映射到整个区间 $(-1, 1)$ 上. 对于任何参量值 $\mu < 2$，抛物线映射 (2.13) 只能把区间映射到较小的区间 $(1 - \mu, 1)$，因此只是内映射，而不是满映射. 满映射是一种典型的混沌映射，它的许多性质都可以彻底地讲清楚.

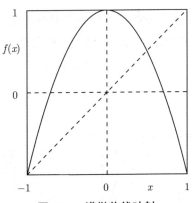

图 6.1　满抛物线映射

满映射给出相空间拉伸和折叠的最简单的形态. 映射 (6.1) 把左半区间 $(-1, 0)$ 不改变方向地拉伸成整个区间 $(-1, 1)$，这在图 6.2 中用黑色箭头表示. 右半区间 $(0, 1)$ 也被映射 (6.1) 拉伸到整个区间 $(-1, 1)$，只是方向被倒过来. 这在图 6.2 中用灰色箭头表示. 两者合到一起，就是把线段 $(-1, 1)$ 拉伸一倍，折叠回原处. 当然，内映射也实现不完全的拉伸和折叠. 在高维空间的动力学中，拉伸、压缩和折叠是导致混沌运动的必要机制，不过其表现形态更为丰富.

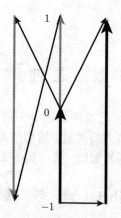

图 6.2   满映射下的拉伸和折叠示意

混沌运动的重要特征, 是对初值变化的敏感依赖性, 即初值的细微变化, 将导致类型不同的运动. 怎样定义和区分运动的类型呢? 最直接的办法就是引入与符号动力学的对应: 如果两个初值导致同一个符号序列, 它们的运动类型就是相同的. 反过来说, 符号序列不同的轨道, 属于不同的运动类型.

从满映射的中央最高点做中垂线, 它把区间 $(-1, 1)$ 分成左 (L) 和右 (R) 两半. 凡是从左半开始的轨道, 其符号序列的第一个字母是 L, 而从右半出发的轨道, 其第一个字母是 R.

上述中垂线与分角线交于一点. 从这一点引出的水平线同映射函数交于两点 (图 6.3(a)). 线段 $(-1, 1)$ 被分成 4 段. 其符号序列前两个字母是

$$LL < LR < RR < RL.$$

这里的大小顺序是按照 §2.6 中的排序规则确定的, 它们与 $(-1, 1)$ 区间上实数的自然序一致.

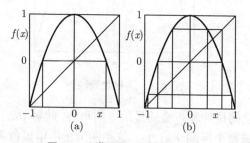

图 6.3   满映射下线段的分割

前面提到的两条垂线或其延长线与分角线交于两点, 从这两点分别引水平线, 同映射函数交于 4 点, 见图 6.3(b). 从这 4 个点作垂线, 加上原有的 3 条垂线, 这 7 条线把线段 $(-1, 1)$ 分割成 8 个子线段. 分别从 8 个子线段出发的轨道, 其符号

序列的前 3 个字母完全确定，从左到右为

$$LLL < LLR < LRR < LRL < RRL < RRR < RLR < RLL.$$

3 个字母的 $2^3 = 8$ 种组合，全部出现并排序.

这个过程可以继续下去. 到第 n 步后，整个线段 $(-1, 1)$ 被分割成 2^n 个子线段. 从每个子线段出发的轨道，其符号序列的前 n 个字母是不同的，分别对应 2^n 种可能的组合. 这样无穷分割下去，最后结论是：满映射 (6.1) 之下，每个初值导致一个独特的符号序列. 初值的任何细微变化都导致类型不同的轨道. 这就是运动对初值的敏感依赖性，混沌运动的一个主要特征.

一共有多少不同的运动类型呢？线段 $[-1, 1]$ 的最左端是满映射的一个不动点，其符号序列是 L^∞，而右端点导致的符号序列是 RL^∞. 在这两个序列之间，出现 R 和 L 的一切组合. 不妨把 L 看成 0，R 看成 1，线段两个端点导致的轨道对应二进制表示的两个实数 $0.000000\cdots$ 和 $1.000000\cdots$. $[0, 1]$ 区间上任何一个实数表示成二进制，对应满映射下一种可能的符号序列. 有多少不同的实数，就有多少不同的符号序列. 我们知道，作为连续统的 $[0, 1]$ 区间上，存在不可数无穷多个实数，因此满映射下的轨道类型也有不可数无穷多种.

在 $[0, 1]$ 区间的实数中，还有可数无穷多个有理数. 它们的二进制表示是循环小数或有限数. 有限数也可以表示成循环小数. 例如，$1/4 = 0.25$ 的二进制表示可以写成

$$0.01 = 0.001111111111111111111111111111111\cdots.$$

有理数对应周期或最终成为周期的符号序列. 因此满映射 (6.1) 下存在可数无穷多种周期或最终成为周期的轨道. 不过，这些周期轨道都是不稳定的.

§6.2 轨道点的密度分布

把 $[0, 1]$ 区间里的全部有理数集中到一起，也凑不出具有有限长度的线段：含有可数无穷多个点的集合，其测度为 0；整个线段几乎被不可数无穷多个无理数充满. 满映射的绝大多数初值都导致非周期的轨道，只有可数无穷多个初值导致不稳定的周期轨道. 这可数无穷多个初值所组成的集合的测度为 0. 于是，在线段中任取一点作初值，得到非周期轨道的概率为 1，而得到周期轨道的概率为 0. 即使我们精确地把初值取在一个周期点上，舍入误差也使这条轨道或迟或早地落入非周期制度. 因此，满映射的典型轨道都是非周期的.

对于满映射 (6.1) 的一条典型的非周期轨道，自然提出一个轨道点 $\{x_i\}_{i=0}^{\infty}$ 的分布问题. 假定我们求出了一大批轨道点，这些点是如何分布在 $[-1, 1]$ 线段上的？能否计算出这个分布的密度函数 $\rho(x)$？这个分布应当是"不变"的，即在映射作用下保持不变.

　　这个问题的肯定答案早在 1947 年就由乌勒姆 (S. M. Ulam) 和冯诺伊曼 (J. von Neumann) 给出[61]. 原来, $\rho(x)$ 的封闭表达式是

$$\rho(x) = \frac{1}{\pi\sqrt{1-x^2}}. \tag{6.2}$$

这个公式的推导颇富教益, 我们现在就一步步地来做.

首先, 考虑一个人字映射的满映射情况 (图 6.4):

$$\theta_{n+1} = T(\theta_n) = \begin{cases} 2\theta_n, & 0 \leqslant \theta_n \leqslant 1/2; \\ 2(1-\theta_n), & 1/2 \leqslant \theta_n \leqslant 1. \end{cases} \tag{6.3}$$

它定义在 $[0,1]$ 线段上, 因此与 (1.21) 式稍有不同. 在线段中任取一个小区间 $\Delta\theta$, 设小区间中点 θ 处的密度函数是 $\rho(\theta)$, 则小区间里的总点数为 $\rho(\theta)\Delta\theta$. 在满映射 (6.3) 作用下, 这些点全部映射到纵轴方向上, 一个也不会丢失. 但是, 区间 $\Delta\theta$ 在映射作用下被拉长了两倍, 因此点的密度降为原来的一半. 可是, 从人字映射的另一半, 还有同样的区间和点被映射过来, 使得点的总密度保持不变. 这样的讨论适用于任何一个 θ 值附近, 因而 $\rho(\theta)$ 只能是一个常数. 从归一条件知道

$$\rho(\theta) = 1, \quad \theta \in (0,1). \tag{6.4}$$

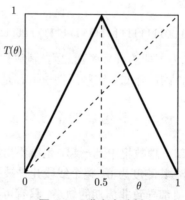

图 6.4　满人字映射

　　其次, 满人字映射 (6.3) 同满抛物线映射 (6.1) 有密切关系. 在满抛物线映射函数

$$x' = f(x) = 1 - 2x^2$$

中, 令

$$x = h(\theta) \equiv -\cos(\pi\theta), \tag{6.5}$$

得到

$$x' = 1 - 2\cos^2(\pi\theta) = -\cos(2\pi\theta) = h(2\theta). \tag{6.6}$$

用逆函数 h^{-1} 作用于 (6.6) 式两端, 并注意 (6.5) 式, 有

$$h^{-1} \circ f \circ h(\theta) = h^{-1} \circ h(2\theta).$$

但是上式右边的 $h^{-1} \circ h$ 不能简单地写成 1, 这是因为 (6.5) 式的逆为

$$\theta = h^{-1}(x) = 1 - \frac{1}{\pi} \arccos(x), \quad \theta \in (0,1). \tag{6.7}$$

在同一个 $\theta \in (0,1)$ 区间上, 函数 $h(\theta)$ 的逆是单值的, 见图 6.5, 而函数 $h(2\theta)$ 的逆有两支, 见图 6.6. 因此, 取逆时必须仔细注意反余弦函数的主值定义. 我们有

$$h^{-1} \circ h(\theta) = \theta,$$

但是,

$$h^{-1} \circ h(2\theta) = T(\theta),$$

这里 $T(\theta)$ 就是 (6.3) 式所定义的人字映射. 于是我们有

$$T(\theta) = h^{-1} \circ f \circ h(\theta),$$

或等价的关系

$$f(x) = h \circ T \circ h^{-1}(x). \tag{6.8}$$

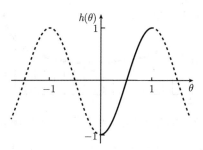

图 6.5　在 (0, 1) 区间上函数 $h(\theta)$ 的逆是单值的

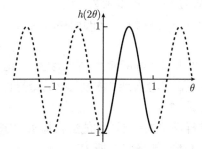

图 6.6　在 (0, 1) 区间上函数 $h(2\theta)$ 的逆是双值的

我们在 §1.4 中已经讲过, 这样由连续可逆的函数 h 相联系的两个映射 $T(\theta)$ 和 $f(x)$ 是拓扑共轭的. 拓扑共轭映射在实现拉伸、折叠等基本操作上作用相同, 它们

的数值差别是次要的. 例如, 容易看出来, $f(x)$ 的周期轨道, 经过共轭变换后就是 $T(\theta)$ 的周期轨道.

拓扑共轭映射的轨道点密度分布也有密切关系. 写下 "点数守恒" 条件

$$\rho_T(\theta)\mathrm{d}\theta = \rho_f(x)\mathrm{d}x. \tag{6.9}$$

这里, 我们为密度分布加了与映射函数名字一致的下标, 以资区分. 由此直接得到

$$\rho_f(x) = \rho_T(h^{-1}(x))\left|\frac{\mathrm{d}h^{-1}(x)}{\mathrm{d}x}\right|. \tag{6.10}$$

由于点数密度总是正数, 上式中取了绝对值. 这就是由 $\rho_T(\theta)$ 计算 $\rho_f(x)$ 的公式. 在我们的具体情况下, $\rho_T(\theta) = 1$ 而 $h^{-1}(x)$ 由 (6.7) 式给出. 计算结果就是 (6.2) 式给出的密度分布. 我们把它的形状绘在图 6.7 中. 图中的直方表示是用 20000 个轨道点统计出来的实际分布.

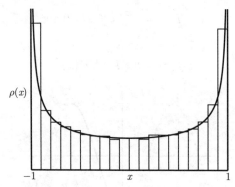

图 6.7   满抛物线映射轨道点的密度分布 $\rho(x)$

密度分布 $\rho(x)$ 的 (6.2) 式又称为切比雪夫分布, 因为它就是在 $(-1, 1)$ 区间上定义切比雪夫正交多项式时所用的权重函数. 事实上, 切比雪夫多项式为一批分段线性的映射提供拓扑共轭变换. 参量 $\mu = 2$ 的抛物线满映射只是这批共轭关系中的最简单情形.

密度分布 (6.2) 在区间两端具有奇异性. 它与我们讨论分岔图中暗线 (§2.4) 时所遇到的奇异性是一回事. 密度分布或 "测度" 中的奇异性, 在对分形对象进行热力学描述时有所反映, 详见 §7.5.

只有像抛物线映射这样简单的情形, 才能解析地求得密度分布 $\rho(x)$. 一般情形下, 可以用数值方法求解皮隆–佛洛本纽斯 (Perron–Frobenious) 方程来得到 $\rho(x)$. 由于这个方程对于混沌动力学的重要性, 我们把它从头推导出来.

皮隆–佛洛本纽斯方程的基础, 还是前面引用过的 "点数守恒". 考虑图 6.8 所示的映射. 点 y 有两个逆像 x_1 和 x_2, 即

$$y = f(x_1) = f(x_2).$$

在 x_1，x_2 和 y 附近分别取小区间 Δ_1，Δ_2 和 Δ. 设小区间中点处的密度分布分别为 $\rho(x_1)$，$\rho(x_2)$ 和 $\rho(y)$. 在映射下点数守恒，就是要求

$$\rho(y)\Delta = \rho(x_1)\Delta_1 + \rho(x_2)\Delta_2.$$

当小区间很窄时，Δ 与 Δ_1、Δ_2 的关系由相应点的导数决定：

$$\Delta_i = \frac{\Delta}{|f'(x_i)|}, \quad i = 1, 2.$$

于是，

$$\rho(y) = \frac{\rho(x_1)}{|f'(x_1)|} + \frac{\rho(x_2)}{|f'(x_2)|}.$$

在一般情形下，$f(x)$ 可能有许多峰和谷，因此 y 点可能有许多逆像 $x_i = f^{-1}(y)$. 这时，上面的式子推广为

$$\rho(x) = \sum_{x_i = f^{-1}(y)} \frac{\rho(x_i)}{|f'(x_i)|}, \tag{6.11}$$

这就是皮隆-佛洛本纽斯方程.

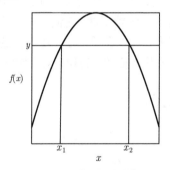

图 6.8 点 y 的逆像

对于满抛物线映射 (6.1)，我们有

$$|f'(x)| = 4|x|, \quad x = \pm\sqrt{(1-y)/2},$$

皮隆-佛洛本纽斯方程具体化为

$$\rho(x) = \frac{1}{\sqrt{2(1-y)}}\rho\left(\sqrt{(1-y)/2}\right).$$

不难验证，密度分布 (6.2) 果然是它的解.

用数值方法求解皮隆-佛洛本纽斯方程时，可以把它写成迭代形式

$$\rho_n(x) = \sum_{x_i = f^{-1}(y)} \frac{\rho_{n-1}(x_i)}{|f'(x_i)|}. \tag{6.12}$$

取某种合理的初始分布，例如 $\rho_0(x)$ 等于常数，经过若干次迭代，即可收敛到不变的密度分布.

我们在 §8.3 中讨论逃逸速率时，还要回到皮隆–佛洛本纽斯方程.

§6.3　同 宿 轨 道

取中点 $x = 0$ 作初值时，满映射 (6.1) 经过两步迭代就进入最左边的不动点：

$$0, 1, -1, -1, -1, -1, -1, -1, -1, \cdots$$

换成符号序列是 CRL^∞. 我们在 §2.6 中已经讲过，从 $f(C)$ 开始的符号序列起着十分重要的作用，特称为揉序列. 满映射的揉序列是

$$K \equiv f(C) = RL^\infty. \tag{6.13}$$

我们现在说明，揉序列 RL^∞ 代表的是一条**同宿轨道**.

同宿轨道和异宿轨道，是非线性动力学中的核心概念. 特别是与它们密切相关的同宿相交和异宿相交，乃是混沌运动的组织中心. 法国数学家庞加莱 (H. Poincaré) 早在 19 世纪 90 年代就在天体力学中引入了这些概念. 在高维动力系统的相空间及其截面中，这些概念比较直观. 它们构成研究非线性动力学的几何方法的基础. 希望更多学习的读者，可以参看 [62]. 我们在这里用平面中的微分方程组做引子，介绍一点同宿轨道的基本概念，为讨论抛物线映射中的同宿轨道做一点准备.

一般说来，平面微分方程组

$$\begin{aligned}
\frac{\mathrm{d}x}{\mathrm{d}t} &= g(x, y), \\
\frac{\mathrm{d}y}{\mathrm{d}t} &= h(x, y)
\end{aligned} \tag{6.14}$$

的解是通过平面中各点的积分曲线族. 然而，有些孤立的点可以成为特殊解，它们使得

$$\begin{aligned}
g(x, y) &= 0, \\
h(x, y) &= 0
\end{aligned}$$

永远成立. 这些点是微分方程组 (6.14) 的不动点. 同我们在 §2.2 对一维映射不动点的线性稳定性分析相像，在微分方程的不动点附近也可以做小扰动，看扰动后的轨道是偏离还是返回不动点，据此来判断不动点的稳定性.

事实上，不动点可以是某些特殊轨道的极限. 沿一条这样的轨道靠近不动点时会越走越慢，最终要用无穷长的时间才能进入不动点. 相反，沿着另外某个方向可能以无穷慢的速度离开不动点. 如果有一条轨道从不稳定的不动点 p 出发，经过无

穷长的时间又回到 p (见图 6.9),这样,轨道上的任何一点在 $t \to +\infty$ 和 $t \to -\infty$ 这两个极限都达到不动点 p 这个共同的归宿,这是一条同宿轨道.

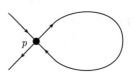

在简单的保守的动力学系统中,同宿轨道通常是相空间中不同运动制度的分界线. 例如,一支摆可以绕固定点顺时针、逆时针旋转,或者往复振动. 这三种运动制度在相平面中被分界线隔开. 摆有两个不动点,即稳定的静止点和相当于摆身倒立的不稳定的静止点. 后者正好位于分界线上,相当于无穷长周期的振动或转动. 任意小扰动

图 6.9 同宿轨道示意

可以使摆偏离不稳定静止点,以无穷慢的速度离开平衡,然后再用无穷长的时间回到不稳定静止点.

把方程组 (6.13) 在 p 点附近线性化,得到一个本征值问题. 它的本征矢决定平面中的两个方向,即稳定方向和不稳定方向. 而其本征值决定沿相应方向离开或回归的速率,或者说 p 点吸引或排斥运动轨道的程度.

一维映射的相空间压缩成了一段直线,因此上面叙述的图像反而不那么清晰了. 这就是为什么直到 1978 年数学家们才说清楚一维映射的同宿轨道究竟是怎么回事. 这主要是布洛克 (L. Block)[63] 和米则列维奇 (M. Misiurewiez)[64] 的贡献. 后来,狄万内 (R. L. Devaney) 的书 [26] 中有更详细的讨论①. 一旦点破,事情原来很简单.

让我们考察图 6.10. 在本节开始处已经提到,由临界点 C 出发的轨道,两步迭代后就进入线段左端的不稳定不动点 L^∞. 如果由 C 倒着走,逆像 $f^{-1}(C)$ 有两个点,$f^{-2}(C)$ 有四个点,等等. 从这些逆像点中总可以选出最终经无穷多步迭代回到 L^∞ 的逆轨道. 图 6.10 中用长短虚线表示出两条这样的轨道. 换言之,C 点

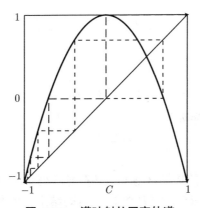

图 6.10 满映射的同宿轨道

---

① 狄万内把本节讨论的情形称为临界同宿轨道. 他的同宿轨道发生在 $\mu > 2$ 的发散映射中.

及其逆像, 向前有限步或向后无穷步, 都达到不稳定不动点 L^∞, 因此这些点就处在同宿轨道上.

其实, 揉序列 RL^∞ 形象地说明了主要关系: L^∞ 代表作为最终归宿的不稳定不动点, 而 R 代表由 C 进入这个不动点的有限过程. 我们在 §6.5 中讨论 "粗粒混沌" 的普遍情形后, 这种关系就更清楚了.

§6.4　混沌吸引子的激变

我们在 §2.3 中结合周期 3 窗口附近分岔图的细部 (图 2.6), 提到了混沌吸引子的激变. 现在更仔细地看一看激变是怎么回事.

我们已经知道, 在一维映射的相空间, 即线段 I 里最多可能存在 $n+2$ 个稳定的周期轨道, 其中 n 是映射所包含的临界点数目 (辛格尔定理). 临界点也可能被吸引到混沌轨道上. 混沌轨道只要存在, 就有无穷多条. 它们的长期行为勾画出边界明确的混沌吸引子. 对于一维映射, 这些边界就是由暗线方程决定的点. 混沌吸引子可能分成几个片段, 形成多带的吸引子. 此外, 相空间里面还有许许多多不稳定的周期轨道. 参量连续变化时, 这些稳定和不稳定的对象的位置和大小都慢慢地发生变化. 在某个特定的参量值处, 混沌吸引子与一条不稳定周期轨道相碰, 吸引子的尺寸和形状发生激烈变化. 这就是约克等人[65] 在 1982 年首先解释和命名的激变 (crisis) 现象.

发生激变的映射的参量值或者揉序列, 可以借助 §2.6 中介绍的符号动力学概念, 由下面的对比来推断:

(1) 周期 1 窗口 (L, C, R), 相应的 1 带混沌区在 RL^∞ 处结束;

(2) 周期 2 窗口 (RR, RC, RL), 相应的 2 带混沌区在 $RL(RR)^\infty$ 处合并为 1 带区;

(3) 周期 4 窗口 $(RLRL, RLRC, RLRR)$, 相应的 4 带混沌区在 $RLRR(RL)^\infty$ 处合并为 2 带区.

一般情形下, 周期窗口

$$[(\Sigma C)_-, \Sigma C, (\Sigma C)_+],$$

相应的多带混沌区在揉序列

$$(\Sigma C)_+ (\Sigma C)_-^\infty$$

处结束.

在 $\mu = 1.75$ 处诞生的周期 3 窗口, 其符号序列是 (RLR, RLC, RLL), 相应的 3 带混沌区在揉序列为 $RLL(RLR)^\infty$ 的映射处结束, 回到 1 带混沌区. 这就是发生激变的地方. 知道了揉序列, 很容易推广字提升法来精确计算出激变的参量值, 详见 §6.5.

这次激变的实质在于：$\mu = 1.75$ 处诞生的稳定周期 3 轨道经历倍周期分岔过程，发展成 3×2^n 带到 $3 \times 2^{n-1}$ 带的混沌带合并序列. 当它最终合并成 3 带混沌区后，尺寸也逐渐变大，以致同 $\mu = 1.75$ 处诞生的不稳定周期轨道相碰. 这种碰撞发生在 1 带混沌区的内部，故又称为**内部激变**. 激变后 3 带虽然合并为 1 带，但轨道点的密度分布仍然集中在原来的 3 带区域. 这在图 2.6 中看得很清楚. 混沌轨道总是以大部分时间在原来的 3 带区中跳跃，只是偶尔到更大的范围里运行一段，又回到原来的 3 带区中. 这就形成了"激变诱导的阵发混沌"[66].

如果系统处于外噪声影响下，则即使未达到激变参量值，也会因为噪声而被偶然抛到激变后的状态，在更大的范围里游历一番. 这是"噪声诱发的激变"[67]. 上述两类与激变伴生的现象，都具有某些标度性质. 我们不再详述已经进行过的理论分析和试验研究，有兴趣的读者可参阅文献 [66–68].

其实，满映射 RL^∞ 也处于激变点上. 我们在 §2.3 中计算抛物线映射的不动点时，曾经指出它还有一个在整个参量区间上都不稳定的不动点，即 (2.17) 式给出的

$$x^* = \frac{-1 - \sqrt{1 + 4\mu}}{2\mu}.$$

只要 $\mu < 2$，它就落在动力学不变区间 $[1 - \mu, 1]$ 之外. 当 $\mu = 2$ 时，$x^* = -1$，它与充满整个区间 $[-1, 1]$ 的吸引子在边界点 -1 相碰引起激变，因此又称为**边界激变**[65]. 这是一次后果严重的激变，因为抛物线映射的混沌吸引子到此结束. 参量 μ 超过 2 之后，抛物线映射改变性质，成为不能把线段映射回自身的发散映射. 线段 $[-1, 1]$ 中的绝大多数点最终都走上离开这一线段的轨道. 我们将在 §8.3 中讨论逃逸问题时，再回来研究 $\mu > 2$ 的发散映射.

混沌吸引子的激变是一类普遍现象. 在高维系统中，相空间里存在着更多种类的稳定和不稳定的对象，激变的形式也更加多样化. 对于内部激变和边界激变的分析，也要更细致地考虑不稳定周期或不稳定不动点的稳定流型和不稳定流型 (它们是由 §6.3 中曾经简单提到的稳定方向和不稳定方向发展出来的) 的互相关系. 例如，只要混沌吸引子与不稳定不动点的稳定流型，而不必与不稳定点本身相碰，吸引子中的点就会沿上述稳定流型运动到更大的范围，造成激变.

我们在 §6.1~§6.4 中讨论了满映射的混沌性质，现在做一个总结. 以 RL^∞ 为揉序列的映射具有以下性质：

(1) 它是一个满映射.

(2) 在 L^∞ 和 RL^∞ 之间的所有不以 RL^∞ 结尾的序列，均与区间上的点对应. 每改变一个初值，就得到一个不同的符号序列. 符号序列的数目同 $[0, 1]$ 区间上的实数一样多. 这就是对初值的敏感依赖性.

(3) RL^∞ 本身表明存在着同宿轨道.

(4) 它是混沌吸引子的激变点，实际上混沌吸引子在 μ 超过 2 后不复存在.

(5) 它是混沌带的结束点, 也可以看做是从 1 带到 0 带的 "合并" 点.

(6) 几乎每个初值所导致的轨道点 $\{x_i\}|_{i=0}^{\infty}$, 都满足连续分布 $\rho(x)$.

(7) 它是所有 $n \geqslant 2$ 的暗线方程 $P_n(\mu)$ 的交点. 事实上, 除了 $P_0(2) = C$, $P_1(2) = 1$ 以外, 所有其他 $P_n(2) = -1$.

下面我们就比照这些性质, 引入粗粒混沌概念, 从而说明一大类映射的混沌性质.

§6.5   粗 粒 混 沌

现在回到 §2.6 中对周期窗口的符号描述. 我们知道, 对周期 1 窗口, 即不动点

$$(L, C, R)$$

不断做符号代换

$$
\begin{aligned}
L &\to RR, \\
C &\to RC, \\
R &\to RL,
\end{aligned}
\tag{6.15}
$$

就可以得到所有 2^n 倍周期窗口的揉序列. 以倍周期分岔序列的极限点 μ_{∞} 为界, 分岔图的一边是 2^n 片混沌带的合并序列, 其最右面的混沌带结束点对应揉序列 RL^{∞}. 把代换 (6.15) 作用到 RL^{∞} 上, 得到 RLR^{∞}, 再对此结果作代换 (6.15), 如此继续下去, 得到无穷序列

$$RLR^{\infty}, \quad RLRR(RL)^{\infty}, \quad RLRRRLRL(RLRR)^{\infty}, \quad \cdots \tag{6.16}$$

不难验证, 这些序列都满足移位最大要求, 因而都可能在某个参量值下成为揉序列. 这些序列都具有 $\rho\lambda^{\infty}$ 的形式, 其中 ρ 和 λ 是由 R 和 L 组成的有限长的符号串.

我们现在推而广之, 提出一个更普遍的问题: 能否对 RL^{∞} 实行一般的代换

$$
\begin{aligned}
R &\to \rho, \\
L &\to \lambda,
\end{aligned}
\tag{6.17}
$$

使得 $\rho\lambda^{\infty}$ 仍为移位最大序列. 显然, ρ 和 λ 必须满足一定的条件, 例如保持 R 和 L 的排序和奇偶性. 郑伟谋找到了 ρ 和 λ 应当满足的充分条件, 使代换 (6.17) 成为**广义合成法则**[16], 即从较短的允许字得到更长的允许字的普遍方法. 事实上, §2.6 中提到的 * 合成法则 (2.47) 式是广义合成法则的一个特例, 即从同一个周期窗口中选取 ρ 和 λ,

$$
\begin{aligned}
\rho &\to (\Sigma C)_+, \\
\lambda &\to (\Sigma C)_-,
\end{aligned}
\tag{6.18}
$$

我们不去介绍广义合成法则的证明和大量应用，只研究一个问题，即揉序列为 $\rho\lambda^\infty$ 的映射，具有什么性质.

首先，可以推广我们在 §2.5 中引进的字提升法，来计算揉序列 $\rho\lambda^\infty$ 所对应的参量值. 这个序列表明，由 C 出发时得到的符号序列是

$$C = C\rho\lambda\lambda\lambda\cdots. \tag{6.19}$$

根据我们对符号序列的命名约定 (2.30)，上式左边的 C 是临界点的数值. 以映射函数 $f(x)$ 作用到 (6.19) 式两边，并把右端理解为复合逆函数的嵌套关系，得到

$$f(C) = \rho \circ \lambda \circ \lambda \circ \lambda \circ \cdots. \tag{6.20}$$

我们不知道无穷多个 λ 函数嵌套的结果是什么，可以先用一个未知数 ν 来代表它：

$$\nu = \lambda \circ \lambda \circ \lambda \circ \lambda \circ \cdots.$$

不过，无穷多次嵌套减少一次还是无穷多，于是

$$\nu = \lambda(\nu). \tag{6.21}$$

加上前面的 (6.20) 式

$$f(C) = \rho(\nu), \tag{6.22}$$

我们就把符号字 $\rho\lambda^\infty$ "提升" 成一对方程 (6.21) 和 (6.22). 只要给定映射 f 及其逆函数，就可以计算参量 μ 和未知数 ν 的值.

现在采用抛物线映射的 (1.20) 或 (2.35) 式，及其逆函数 (2.36) 做两个实例. 第一个例子是 (6.16) 中的序列 RLR^∞，它提升为

$$f(C) = R \circ L(\nu),$$
$$\nu = R(\nu).$$

对抛物线映射 (2.35)，这一对方程具体化为

$$\mu = \sqrt{\mu + \sqrt{\mu - \nu}},$$
$$\nu = \sqrt{\mu - \nu}.$$

还是使用我们已经熟悉的技巧，把上式改写成迭代关系

$$\mu_{n+1} = \sqrt{\mu_n + \sqrt{\mu_n - \nu_n}},$$
$$\nu_{n+1} = \sqrt{\mu_n - \nu_n}.$$

取任何满足 $\nu_0 < \mu_0$ 的合理初值，例如 $\mu_0 = 2\nu_0 = 1.95$，迭代过程很快收敛到

$$\mu = 1.54368901\cdots, \quad \nu = 0.83928675\cdots. \tag{6.23}$$

　　这里 μ 就是揉序列 RLR^∞ 对应的参量值, ν 的意义在下面再讲. 表 2.1 第四列所给出的带合并点数值, 都是这样计算出来的.

　　第二个例子是 §6.4 讲到的周期 3 窗口后面 3 带并为 1 带的激变点. 它的揉序列 $RLL(RLR)^\infty$ 提升为

$$\mu = R \circ L \circ L(\nu),$$
$$\nu = R \circ L \circ R(\nu).$$

变成迭代关系后得到

$$\mu = 1.79032749\cdots, \quad \nu = 1.74549283\cdots. \tag{6.24}$$

　　我们在 §6.4 末尾概括了以 RL^∞ 为揉序列的满映射的 7 条性质. 这些性质都可以移植到以 $\rho\lambda^\infty$ 为揉序列的映射, 从而成为一大类混沌映射的共同性质. 形象地说, 在 $\rho\lambda^\infty$ 代表的映射中, 如果把观察的分辨率放粗, 把一串符号 ρ 看成一个字母 R, 把另一串符号 λ 看成一个字母 L, 则运动图像与 RL^∞ 映射中的行为对应. 这就是我们说的粗粒混沌. 具体地说, §6.4 末尾列举的 7 条性质可以逐条加以分析. 对于一般的 ρ 和 λ, 或是来自 $*$ 乘积的 ρ 和 λ, 或是只有最后一个字母不同的 ρ 和 λ, 下面各条不尽成立. 我们不在这本书里讨论这些细节, 而只叙述大意.

　　第一, 揉序列 RL^∞ 对应满映射. 所有其他的形如 $\rho\lambda^\infty$ 的揉序列除了 RL^∞ 以外, 都不可能对应满映射. 然而, 它们给出线段中某些区间的局部满映射. 以 2 带到 1 带混沌区的合并点为例, 做字提升时可以把揉序列写成 RLR^∞, 而与 (6.17) 式准确对应的写法是 $RL(RR)^\infty$. 这时 $\lambda = RR$ 由 2 个字母组成. 我们在 (6.23) 式的 μ 值处画出 $f^{(2)}(x)$ 的曲线, 见图 6.11(a). 图中右上角

$$x = y = 0.5437$$

以上的小方框中, 有一个局部满映射. 我们把这个小方框放大, 画在图 6.11(b) 中. 它同图 6.1 所示的满映射很像, 只是左右不完全对称. 请注意, 它是 $f^{(2)}$ 而不是 f 的局部满映射. 此外, 还有数值上的细节需要说明.

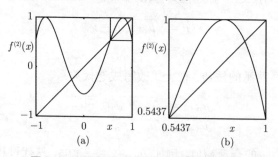

图 6.11　$RL(RR)^\infty$ 对应的局部满映射

(a) 右上角方框内有一个局部满映射; (b) 方框的放大图

如果我们采用抛物线映射的 (1.20) 或 (2.35) 式, 求出 μ 和 ν 的数值如 (6.23), 则它们恰好给出局部满映射在 x 轴上的位置. 不过图 6.11 是用抛物线映射的另一种形式 (1.19) 画出来的, 这时 x 已经变成 x/μ, 因而 $[\nu, \mu]$ 区间也变成 $[\nu/\mu, 1]$ 区间. 只有对于 RLR^∞ 揉序列, 由第二个提升方程有 $\nu/\mu = \mu - 1$, 才使得局部满映射方框的起点的数值等于参量的小数部分.

图 6.12(a) 给出 $RLL(RLR)^\infty$ 对应的 $f^{(3)}(x)$ 曲线. 它沿对角线有三个局部满映射, 其最右上方的那个很难靠肉眼识别. 我们把这个小方框放大后画成图 6.12(b). 方框的起点 $x = 0.9749$, 就是按 (6.24) 式算得的 ν/μ 的值.

在一般情形下, 对于 $\rho\lambda^\infty$ 代表的映射, 应在相应的参量处画出 $f^{(|\lambda|)}(x)$ 的曲线. 这里 $|\lambda|$ 是符号串 λ 所包含的字母个数, 我们在 §4.5 中已经使用过这种记号. 这时, 局部满映射的范围在 $[\nu, \mu]$ 区间上 (对于抛物线映射 (1.20)), 或在 $[\nu/\mu, 1]$ 区间上 (对于抛物线映射 (1.19)). 事实上, 如果对此区间的两个端点做映射, 还可以得出 $|\lambda| - 1$ 个局部满映射, 其中有些由向下的谷而不是向上的峰给出. 图 6.11 中就有一个向下的局部满映射. 图 6.12 中另外两处向下的局部满映射已经用方框标出, 清楚易见.

第二, 由提升方程 (6.21) 和 (6.22) 看出, 区间 $[\nu, \mu]$(或 $[\nu/\mu, 1]$, 我们以后省略这一附笔) 的两端对应符号序列 ρ^∞ 和 $\rho\lambda^\infty$. 在满映射 (6.1) 中出现的任何介于 L^∞ 和 RL^∞ 之间的符号序列, 经过符号代换 (6.17) 就得出一条对于 $\rho\lambda^\infty$ 映射允许的符号序列. 这些符号序列的数目同 $[0,1]$ 区间上的实数一样多. 在 $[\nu, \mu]$ 区间上任意变换一个初值, 就导致一个不同的符号序列. 这就是 $\rho\lambda^\infty$ 映射对初值细微变化的敏感依赖性. 如前所述, 一共有 $|\lambda|$ 个这样的小区间, 其中每一个区间上都有对应全部从 L^∞ 到 RL^∞ 的无穷多种符号序列. 这些序列同 $[\nu.\mu]$ 区间上的相应序列最多差 $|\lambda| - 1$ 次移位. 这种局部同全体的一一对应关系只可能出现在不可数的无穷集合 (如实数轴) 上.

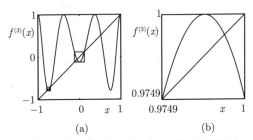

图 6.12 $RLL(RLR)^\infty$ 对应的局部满映射

(a) 沿对角线有三个局部满映射; (b) 最右上角方框的放大图

第三, 揉序列 $\rho\lambda^\infty$ 表明存在着同宿轨道. 我们把 $\mu = 1.5427$ 即对应 RLR^∞ 的抛物线画在图 6.13 中. 图中由 C 出发的轨道, 经过由 RL 代表的两步迭代后, 便进入不稳定的不动点 R^∞. 不难看出, 同图 6.10 所描绘的情形相像, C 点和它的逆像构成一组同宿轨道.

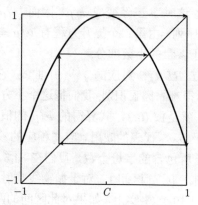

图 6.13　RLR^∞ 对应的同宿轨道

它向前进入不稳定不动点 R^∞

一般情形下, $\rho\lambda^\infty$ 中的 λ^∞ 代表不稳定周期点, 而 ρ 描述由 C 进入这个不稳定周期点所经历的有限次迭代. C 和 ρ 中各点及其逆像均在以 λ^∞ 为归宿的同宿轨道上.

图 6.14 给出 4 带到 2 带合并点, 即揉序列 $RLRR(RL)^\infty$ 对应的同宿轨道. 点 C 及 $RLRR$ 代表的各轨道点以及它们的逆像, 经过有限次向前迭代, 进入以 $(RL)^\infty$ 代表的不稳定周期 2 轨道. 图中这条不稳定轨道用较粗的线条标出.

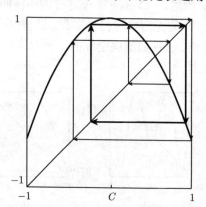

图 6.14　$RLRR(RL)^\infty$ 对应的同宿轨道

它向前进入由 $(RL)^\infty$ 描述的不稳定周期 2

第四, 对于来自 $*$ 乘积的 ρ 和 λ, 揉序列 $\rho\lambda^\infty$ 也标明一个混沌吸引子的激变点, 而且 λ^∞ 正好代表与混沌吸引子相碰撞的不稳定周期. 对于 RLR^∞, 正是 R^∞

所代表的不稳定不动点在 2 带到 1 带的合并点穿过混沌吸引子, 形成一次内部激变. 如果我们在分岔图 2.5 中用虚线标出不稳定不动点的走向, 这就会看得很清楚 (图 6.15).

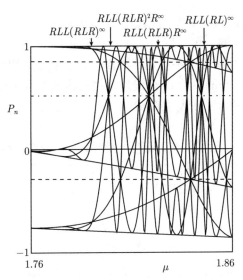

图 6.15　周期 3 窗口附近的 $P_n(\mu)$ 曲线

第五, 同样, $\rho\lambda^\infty$ 也代表混沌带的合并点. 我们已经知道, RLR^∞ 是 2 带到 1 带的合并点. 在 $RLL(RLR)^\infty$ 处 3 带基本结束, 基本上回到 1 带区, 然而轨道点的密度分布仍然集中在原来 3 带范围内 (图 2.6), 直到 $RLLR^\infty$ 处它才完全融入 1 带区, 不再显露周期 3 的痕迹.

第六, 在以 $\rho\lambda^\infty$ 为揉序列的映射中, 除去测度为零的导致不稳定周期的初值外, 几乎从所有初值发展出来的轨道点集合 $\{x_i\}|_{i=0}^\infty$ 都满足密度分布 $\rho(x)$. 这一密度分布可能分成多片, 每一片具有与图 6.7 相似的形状. 不过这些 $\rho(x)$ 一般不能解析地求出来, 而必须用数值方法求解皮隆–佛洛本纽斯方程 (6.11) 来得到.

第七, 由揉序列 $\rho\lambda^\infty$ 代表的映射, 在分岔图中正好处于某些暗线 $P_n(\mu)$ 的交叉点上. 对于周期 2^n 的带合并序列, RLR^∞ 只有一个合并点, 所有 $n > 2$ 的暗线都在此相交,

$$P_3 = P_4 = P_5 = \cdots.$$

$RLRR(RL)^\infty$ 有上、下两个合并点, 所有 $n > 4$ 的暗线, 按 n 的奇偶分成两组, 分别在上下两点相交:

$$P_5 = P_7 = P_9 = \cdots,$$
$$P_6 = P_8 = P_{10} = \cdots,$$

这在暗线图 2.9 中可以看到. 下一个 $8 \to 4$ 带合并点

$$RLRRRLRL(RLRR)^\infty$$

有 4 个合并点, 所有 $n > 8$ 的暗线, 按 n 被 4 除的余数 $n(\mathrm{mod}\,4)$ 分成 4 组, 分别在 4 点相交, 等等.

为了看清楚其他暗线的相交与相切, 我们从图 2.9 中抽出从周期 3 窗口起点 $\mu = 1.75$ 到 $\mu = 1.86$ 的一段加以放大, 示于图 6.15 中. 这张图中除了 $P_1(\mu)$ 到 $P_{12}(\mu)$ 之外, 还用虚线标出了不稳定不动点 R^∞ 的位置, 用两条点线标出了不稳定的周期 2 轨道 $(RL)^\infty$ 的位置. 3 个混沌带结束的激变点 $RLL(RLR)^\infty$ 也在图中标明了. 但 3 带最终融入 1 带发生在 $RLLR^\infty$ 处, 它已经超过 $\mu = 1.86$, 在图中看不到.

图 6.15 中的 $P_n(\mu)$ 除了相交, 还有一批相切点. 我们已经知道, $P_n(\mu)$ 的每一组相切点对应一个超稳定周期 (§2.4). 在每个超稳定参量附近, 可能存在着或宽或窄的一个周期窗口. 如果从参量轴上剔除所有的周期窗口, 还剩下些什么? 雅可布逊 (M. V. Jakobson) 对于包含抛物线的一大类映射, 证明[69] 了剩下的非周期行为对应的参量仍具有正测度. 库列 (P. Collet) 和埃克曼 (J.-P. Eckmann) 证明[23], 在靠近满映射的参量 $\mu = 2$ 时, 在很小的参量区间 $(2 - \epsilon, 2)$ 之内, 设非周期行为对应的参量值加到一起等于 E, 则 E 与 ϵ 的比值趋近 1, 即

$$\lim_{\epsilon \to 0} \frac{E}{\epsilon} = 1.$$

这就是说, 在很靠近 $\mu = 2$ 时, 几乎百分之百的参量值都给出非周期行为. 他们的证明应能推广到所有 $\rho\lambda^\infty$ 附近的小参量区间中.

不过, 上面两项证明中提到的非周期行为并不限于混沌, 而是还包含了准周期轨道. 事实上, 在单峰映射中存在着无穷多种准周期轨道. 倍期分岔序列和 §4.5 中讨论的 l 倍周期序列的极限点, 都是准周期而非混沌. 这就提出一个重要问题: 对应混沌行为的参量有多少? 它们的总合是否在参量轴上具有正测度?

答案当然要依赖于混沌的定义. 拓扑混沌是太弱的要求, 不能保证现象的可观测性. 映射具有正的李雅普诺夫指数[1] 看来是更符合实际的要求. 本迪克斯 (M. Benedicks) 和卡尔逊 (L. Carleson) 证明[70]: 对于抛物线映射, 当参量小于但靠近 2 时, 对应正李雅普诺夫指数的参量值的总合具有正测度. 这是数学家们给出的相当强的论断, 虽然实际工作者们从混沌现象被观察到这一事实, 并不怀疑它不具备正测度.

这些具有正李雅普诺夫指数的混沌映射, 是否被我们在本节描述的 $\rho\lambda^\infty$ 型的粗粒混沌所穷尽? 如果不是, 又该如何刻画相应的混沌行为? 就笔者所知, 这是尚未解决的问题.

---

[1] 关于李雅普诺夫指数和拓扑混沌, 请参看本书第 7 章的一些论述.

第 7 章 吸引子的刻画

我们在这一章里结合以抛物线为代表的一维映射，扼要讨论吸引子，特别是混沌吸引子的刻画问题. 一般说来，吸引子的刻画可在"宏观"和"微观"两个层次上进行. 这里"宏观"是指使用对整个吸引子或对无穷长的轨道平均后得到的特征量，例如李雅普诺夫指数、维数和熵；而"微观"层次是指构成混沌吸引子骨架的不稳定周期的数目、种类和它们的本征值. 自 20 世纪 80 年代中期以来，这两方面的工作都形成了一套理论框架和方法，也都发展了从实验数据中提取有关信息的技术，并且两者都在高维情形下才显示出威力. 本书不去全面研究吸引子的刻画问题，而只就简单一维映射所包含的启示，介绍一些基本概念. 不过，我们还是从传统的功率谱分析说起.

§7.1 功率谱分析

我们在 §2.1 中早就讲过，混沌动力学关心的主要是运动轨道的回归行为. 纯随机的运动包含一切可能的频率成分，而一切非随机的运动都具有一定的特征时间尺度或频率结构. 阐明时间信号的频率结构，正是傅里叶分析的用武之地. 计算机上的快速傅里叶算法和实时频谱分析仪的普及，使功率谱分析成为简便易行的事情. 功率谱中的宽带分布，被作为可能存在混沌的简单指示. 然而，从原则上讲，功率谱所提供的并不是具有"不变性"的特征量. 例如，把测量对象从 $\{x_i\}$ 变换成 $\{x_i^2\}$，功率谱中就会出现新的频率成分. 然而，任何物理系统总有一些自然的变量集合可以测量和分析，人们并不需要随意地对这些变量施行非线性变换. 特别是功率谱中的尖峰和宽带背景，作为区分周期与噪声的简便手段，始终是很有用而并不充分的方法. 因此，我们还是回顾一下功率谱分析的基本概念，并且说明一些应当注意的事项.

人们从实际测量或计算机实验得到的，往往是按等时间间隔 τ 得到的时间序列

$$x_1, x_2, x_3, \cdots, x_N. \tag{7.1}$$

对这个序列人为地加上周期边界条件 $x_{N+j} = x_j$, $\forall j$, 然后计算自关联函数, 即离散卷积

$$c_j = \frac{1}{N} \sum_{i=1}^{N} x_i x_{i+1},$$

再对 c_j 作离散傅里叶变换, 计算其傅里叶系数:

$$p_k = \sum_{i=1}^{N} c_j \exp\left(\frac{2\pi k_j \sqrt{-1}}{N}\right). \tag{7.2}$$

p_k 代表第 k 个频率分量对 x_i 的贡献, 这就是功率谱的本来意义. 1965 年, 重新发明快速傅里叶变换算法之后, 更有效的计算功率谱的方法便是不经过自关联函数, 而直接求 x_i 的傅里叶系数:

$$\begin{aligned}
a_k &= \frac{1}{N} \sum_{i=1}^{N} x_i \cos\left(\frac{\pi i k}{N}\right), \\
b_k &= \frac{1}{N} \sum_{i=1}^{N} x_i \sin\left(\frac{\pi i k}{N}\right),
\end{aligned} \tag{7.3}$$

然后计算

$$\tilde{p}_k = a_k^2 + b_k^2. \tag{7.4}$$

通常为许多组 $\{x_i\}$ 计算一批 $\{\tilde{p}_k\}$, 平均之后就用来逼近前面 (7.2) 式定义的功率谱. 为了有效地使用快速傅里叶算法, 时间序列 (7.1) 的长度 N 应取 2 的幂次, 如 $N = 2^{13} = 8192$.

时间序列的频谱分析乃是一种专门学问, 特别是对原始数据的滤波处理或变换结果的光滑化, 更是近乎艺术的技巧. 在研究不含噪声的动力学模型时, 通常不必滤波即可得到很好的结果. 我们请关心细节的读者去参考专门著作, 如文献 [71], 在此仅指出进行功率谱分析时必须注意的基本关系.

时间序列 (7.1) 自然地包含了两个时间常数, 即采样间隔 τ 和总采样时间 $N\tau$. 这两个时间常数的倒数, 分别决定两个特征频率

$$f_{\max} = \frac{1}{2\tau} \tag{7.5}$$

和

$$f_{\min} \equiv \Delta f = \frac{1}{N\tau}. \tag{7.6}$$

这里 $f_{\max}$ 是从此种采样数据所能观察到的最高频率. 为了反映高频成分, 就必须缩短采样间隔. $f_{\min} = \Delta f$ 是两个相邻傅里叶系数的频率差.

使用离散采样永远不能单值地确定被研究的系统的频率结构. 设想从有限长的一段正弦函数采了 100 个点, 总有无穷多种办法来构造频率更高的周期函数, 使之准确通过这 100 个点. 这就是说, 离散采样时总会出现虚假的高频成分. 由于周期性的边界条件, 这些虚假的高频峰会 "反射" 回 $(0, f_{\max})$ 频率区间内, 造成所谓

混淆现象 (aliasing). 混淆现象原则上不能消除, 只能设法减弱. 使其减弱的办法是令 $f_{\max}$ 显著地超过系统的实际主频率 f_0. 例如, 取

$$f_{\max} = kf_0, \tag{7.7}$$

其中 $k = 4, 5, \cdots, 8$, 然后在所得的频率谱中只取 f_0 以下部分. 这样做, 来自混淆现象的假峰可以有效地降低甚至缩小到背景之下.

另一方面, 我们知道分频的出现对于识别通向混沌的道路有重要意义. 设计功率谱的计算方案时, 就必须要求能分辨出一定的分频, 例如 $p = 32$ 的分频. 所谓 "分辨出", 就是要求谱中相应的峰由若干个点 (例如 s 个点) 构成, 在功率谱中形成有把握确认的结构. 因此, 我们有

$$s\Delta f = \frac{f_0}{p}. \tag{7.8}$$

从上面四个简单算术关系中消去 τ 和 f_0, 得到

$$N = 2ksp. \tag{7.9}$$

如果取 $k = 4$, $s = 8$, $p = 32$, 得 $N = 2048$. 这就是说, 要有效地避免混淆现象并同时分辨出 32 分频, 至少应采 2048 个点来做一次傅里叶变换. 通常 N 受计算机的能力和试验条件限制.

这样, 进行功率谱分析之前应当做到:

(1) 对于系统基频 f_0 和计算能力允许的 N, 要心中有数.

(2) 给定 k, 确定采样间隔 $\tau = \frac{1}{2kf_0}$. 对于试验工作, 这就确定了应当采用的模数转换器 (ADC) 的频率. 对于理论计算, 这决定每迭代几次采一个样点, 而不是把所有的迭代点都送去做傅里叶变换.

(3) 在 s 和 p 中寻求妥协. 通常在做研究的过程中, 可以在经验基础上尽量减少 s, 以达到较高的频率分辨. 绘制供发表用的功率谱时, 就不得不增加 s 而牺牲 p, 或者孤注一掷地取相当大的 N.

(4) 如果原始数据来自包含大量噪声与外界干扰的测量, 还应当考虑适当的滤波或光滑化.

§7.2 李雅普诺夫指数

我们先考虑一个最简单的线性常微分方程

$$\frac{\mathrm{d}x}{\mathrm{d}t} = ax. \tag{7.10}$$

它的解可以立刻写出来: $x = x_0 e^{at}$. 如果 $a > 0$, 则在初始时刻相邻的两条轨道, 在下一时刻就要按指数速率 e^{at} 分离开. 当 $a < 0$ 时, 它们之间的距离按指数 $e^{-|a|t}$

消失. 只有 $a = 0$ 时, 不同初值给出不同的平行线, 它们之间的距离永不改变. 在大多数实际系统, 特别是耗散系统中, 状态变量 x 不能趋向无穷. 只有对非线性系统在给定状态附近实行线性化, 才能在局部得到类似 (7.10) 式的关系. 一般说来, 这时 x 是矢量, 而 a 是依赖于给定的线性化点的矩阵. 这个矩阵的本征值决定相邻两点间的拉伸、压缩或转动, 其速率可能在相空间中各个点不相同. 只有对运动轨道各点的拉伸或压缩速率进行长时间平均, 才能反映出动力学的整体效果. 这就导致李雅普诺夫指数的概念. 它的定义和计算基于 "相乘性遍历定理"[72], 这已经超出本书范围.

一维映射下只有一个拉伸或压缩的方向, 情形大为简化. 考虑初值点 x_0 和它的邻域 $x_0 + \Delta x$, 用映射函数 $f(x)$ 作一次迭代后, 它们之间的距离是

$$\Delta_1 = f(x_0 + \Delta x) - f(x_0) \approx f'(x_0)\Delta x,$$

而迭代 n 次后, 是

$$\Delta_n = f^{(n)}(x_0 + \Delta x) - f^{(n)}(x_0) \approx \frac{\mathrm{d}f^{(n)}}{\mathrm{d}x}|_{x=x_0} \Delta x. \tag{7.11}$$

比照 (7.10) 式导致的指数律, 我们应当有

$$\Delta_n = \Delta x e^{\lambda x}, \tag{7.12}$$

这里 n 代替了连续的时间 t, 而常数 λ 原则上可能依赖于初值 x_0. 比较 (7.12) 和 (7.11) 式, 得

$$e^{\lambda n} = \frac{\mathrm{d}}{\mathrm{d}x} f^{(n)}(x)|_{x=x_0} = \prod_{i=0}^{n-1} f'(x_i),$$

这里使用了复合函数的链式微分法则. 如果 $n \to \infty$ 时存在极限, 就可以定义

$$\lambda = \lim_{n\to\infty} \frac{1}{n} \sum_{i=0}^{n-1} \ln|f'(x_i)|. \tag{7.13}$$

对于以抛物线映射为代表的许多单峰映射, λ 是不依赖于初值 x_0 的数, 称为映射的李雅普诺夫指数. 当然, 定义 (7.13) 并不限于单峰映射, 而适用于一切一维映射.

一维映射只有一个李雅普诺夫指数, 它可能大于、等于或小于零. 正的李雅普诺夫指数表明运动轨道在每个局部都不稳定, 相邻轨道以指数速率分离, 轨道在整体性的稳定因素 (有界、耗散等) 作用下反复折叠, 形成混沌吸引子. 因此, $\lambda > 0$ 可以作为混沌行为的判据. 负的李雅普诺夫指数表明轨道在局部也是稳定的, 对应周期运动. λ 由负变正, 表明运动向混沌制度转变. 图 7.1 是根据 (7.13) 式算得的抛物线映射的李雅普诺夫指数与参量的关系. 注意, 这是使用形式为 (1.18) 的抛物线映射计算出来的. 图中反映了参量 ν 在区间 $(2.9, 4)$ 上 10000 个点的计算结果,

每个参量值取了 1000 个轨道点求平均. 注意 (7.13) 式中采用了对数, 在 $\nu = 4$ 处李雅普诺夫指数达到 1.

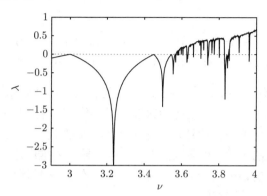

图 7.1 抛物线映射 (1.18) 的李雅普诺夫指数随参量的变化

图 7.1 中曲线每一次下降标志一处周期窗口. 李雅普诺夫指数经过零的情形有三种: 在倍周期分岔点, 由负值接近零, 再变负值; 在切分岔处, 由正值经零变到负值; 在倍周期分岔序列的极限点, 由负值经零变到正值. 其中, 最后一种情形具有良好的标度性质. 我们省去标度理论的细节, 只给出主倍周期分岔序列极限点 μ_∞ 附近的计算结果[73]:

$$\lambda(\mu) \propto |\mu - \mu_\infty|^\beta. \tag{7.14}$$

这里 β 不是一个独立的新指数, 而由收敛速率 δ 决定,

$$\beta = \frac{\ln 2}{\ln \delta} = 0.4498 \cdots . \tag{7.15}$$

在结束本节之前, 我们利用 (7.13) 式说明一个重要的观点: 仅仅观察相空间中的轨道, 不能确保正确地刻画混沌运动; 只有把分析扩充到相空间每个点的切空间, 才能得到反映本质的结果.

对满映射参量 $\mu = 2$, 计算人字映射 (1.23) 或移位映射 (1.26) 的李雅普诺夫指数. 由 (7.13) 式立即得到 $\lambda = \ln 2 > 0$, 因此它们都是混沌映射.

现在假设我们只从相空间轨道的观测数据出发, 来刻画满移位映射 (1.27) 式, 即

$$x_{n+1} = 2x_n \pmod{1}.$$

我们在写出 (1.27) 式时已经解释过, 它的每次映射相当于把 x_n 左移一位, 舍去进位, 右端补零. 因此, 从任意初值的二进制形式出发:

$$x_0 = 0. \quad b_1 \quad b_2 \quad b_3 \quad \cdots \quad b_{m-3} \quad b_{m-2} \quad b_{m-1} \quad b_m,$$

这里 b_i 代表 0 或 1, 迭代结果是

$$x_1 = 0.\quad b_2\quad b_3\quad b_4\quad \cdots\quad b_{m-2}\quad b_{m-1}\quad b_m\quad 0,$$
$$x_2 = 0.\quad b_3\quad b_4\quad b_5\quad \cdots\quad b_{m-1}\quad b_m\quad\ \ 0\quad\ \ 0,$$
$$\vdots\ \vdots\quad\ \ \vdots\quad\ \ \vdots\quad\ \ \vdots\qquad\quad \vdots\qquad \vdots\quad\ \ \vdots\quad\ \ \vdots$$
$$x_{m-1} = 0.\quad b_m\quad 0\quad 0\quad \cdots\quad 0\quad\quad 0\quad\ \ 0\quad 0,$$
$$x_m = 0.\quad\ 0\quad 0\quad 0\quad \cdots\quad 0\quad\quad 0\quad\ \ 0\quad 0,$$

这就是说, 不管从任何初值出发, 经过 m 次迭代后 (m 是计算机字长的二进制位数), 都会达到"不动点" 0. 由这样的轨道数据, 不可能得出存在混沌运动的结论.

　　为什么李雅普诺夫指数的计算结果能正确反映混沌运动呢? 关键在于 (7.13) 式中取了映射函数的导数. 在高维情形下, 这个导数要推广成演化算子的导算子, 使计算进入每个点的切空间. 这就是为什么我们在 §1.2 结尾前, 讲到对动力系统的完全的刻画必须涉及切空间.

§7.3　维数的各种定义

　　分形和分维的概念[74] 对于研究高维系统的混沌动力学很重要, 而它们在一维映射的研究中用途有限. 为了叙述完整, 我们还是先介绍几个基本定义.

　　考虑平面中的一个正方形. 当我们把它的尺寸在各个方向都增加 l 倍, 就会得到一个大的正方形, 它相当于 l^2 个原来的正方形. 如果考虑三维空间中的立方体, 同样的变换, 就会给出 l^3 个原来的立方体. 一般来说, 如果在 d 维空间中考虑一个 d 维的几何对象, 把每个方向的尺寸放大 l 倍, 就会得到

$$N = l^d \tag{7.16}$$

个原来的几何对象. 这个关系适用于任何规整的几何对象, 符合日常生活的经验. 现在把 (7.16) 式取对数, 使它成为维数的定义:

$$D_0 = \frac{\ln N}{\ln l}. \tag{7.17}$$

这里把通常标记拓扑维数 d 的字母换成了 D_0, 下标 0 的意义在下文说明. 这个定义使我们摆脱了维数是整数的限制, D_0 可以成为非整数. 凡是维数 D_0 大于其"直观"的拓扑维数 d 的几何对象, 称为分形, 其维数 D_0 称为分维.

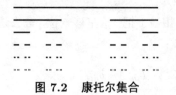

图 7.2　康托尔集合

　　典型的分形实例是康托尔集合. 取 $[0,1]$ 线段, 三等分后舍去中段, 再三等分剩下的两段, 同样舍去相应的中段, 如此无穷重复下去, 最终剩下的点的集合称为康托尔集合 (图 7.2). 康托尔集合由 0 维的点组成, 这样的点有无穷多个, 但又处处稀疏, 它的维数是多少呢? 取 $[0,1/3]$ 线段作为考察对象,

把尺寸放大 $l = 3$ 倍，只得到 $[0, 1/3]$ 和 $[2/3, 1]$ 两个与原来相当的对象，于是

$$D_0 = \frac{\ln 2}{\ln 3} = 0.6309 \cdots.$$

只要能计算 N 和 l，分形的定义 (7.17) 就很适用. 对于十分不规整，难以计数 N 和 l 的对象，我们用箱计数法来克服困难. 我们的几何对象总是嵌在拓扑维数一定的基底空间中. 例如，康托尔集合就嵌在一维线段中. 把基底空间划分成尺寸为 ϵ 的小格子 (箱)，数一下有多少箱中有我们关心的几何对象的点，把这样的箱数记为 $N(\epsilon)$. 在定义 (7.17) 中用 $N(\epsilon)$ 代替 N，用"缩小 s 倍"代替"放大 l 倍"，并且取 $\epsilon \to 0$ 的极限，得到分维的箱计数定义

$$D_0 = -\lim_{\epsilon \to 0} \frac{\ln N(\epsilon)}{\ln \epsilon}. \tag{7.18}$$

在实践中只能取有限的 ϵ. 通常求一系列 ϵ 和 $N(\epsilon)$，然后由双对数坐标中 $\ln N(\epsilon)$ 与 $\ln \epsilon$ 的直线段的斜率判断 D_0. 这里要强调指出，无论是 (7.17) 或 (7.18) 式，都要求客观存在标度关系

$$N(\epsilon) \propto \epsilon^{-D_0}, \quad N \propto l^{D_0}. \tag{7.19}$$

如果不存在此种标度关系，就根本不能使用维数概念.

箱计数定义 (7.18) 的主要缺点是没有反映几何对象的不均匀性: 含有 1 个点和众多点的箱在 (7.18) 式中具有同样的权重. 修正的办法是把箱计数做得更细一些，数清每个小箱中的点数，算出第 i 个箱子出现在 $N(\epsilon)$ 中的概率

$$P_i(\epsilon) = \frac{N_i(\epsilon)}{N(\epsilon)},$$

然后利用信息量的公式

$$I(\epsilon) = -\sum_{i=1}^{N(\epsilon)} P_i(\epsilon) \ln P_i(\epsilon),$$

定义信息维

$$D_1 = \lim_{\epsilon \to 0} \frac{I(\epsilon)}{\ln \epsilon}. \tag{7.20}$$

不难看出，当各个箱子具有同等权重，即 $P_i(\epsilon) = 1/N(\epsilon)$ 时，信息维 D_1 就等于分维 D_0.

箱计数法概念清楚，但使用受到限制. 特别是基底空间维数较高时，计算量迅速上升. 因此，目前实践中使用最多的是简便易算的关联维数. 它基于从时间序列重构相空间的技术.

非线性系统的相空间可能维数颇高，甚至无穷，有时还不知道维数是多少，而吸引子维数一般都低于相空间维数. 我们从时间序列 (7.1) 出发，构造一批 m 维的矢量，可支起一个**嵌入空间**. 只要嵌入空间的维数 m 足够高 (通常要求 $m \geqslant 2D+1$, D 是吸引子维数)，就可以在只差拓扑变换的意义下恢复原来的动力学. 构造 m 维矢

量的办法极多, 最常用的是时间差法, 即按间隔 p 从时间序列 (7.1) 中取数作为分量:

$$\boldsymbol{y}_i = (x_i, x_{i+p}, x_{i+2p}, \cdots, x_{i+(m-1)p}), \quad i = 1, 2, \cdots. \tag{7.21}$$

关于如何选取嵌入维数 m 和时间差 p 在文献中有大量讨论, 我们不去详述, 读者可以参阅文献 [20] 第 6 章及其引文.

　　构造好矢量 $\boldsymbol{y}_i$ 之后, 要定义它们之间的距离. 欧几里得距离带来较大的计算量, 实践中并不常用. 其实, 任何满足距离公理的定义都可以用. 例如, 以两个矢量的最大分量差作为距离, 即

$$|\boldsymbol{y}_i - \boldsymbol{y}_j| = \max_{1 \leqslant \alpha \leqslant m} |y_{i\alpha} - y_{j\alpha}|,$$

就是可以大为节省计算时间的做法.

　　凡是距离小于给定数 ϵ 的矢量, 称为有**关联**的矢量. 假定一共构造了 M 个矢量 $\boldsymbol{y}_i$, M 与 N 为同量级的大数, 数一下有多少对关联矢量, 它们在一切可能的 M^2 种配对中所占比例称为**关联积分**:

$$C(\epsilon) = \frac{1}{M^2} \sum_{i,j=1}^{M} \theta(\epsilon - |\boldsymbol{y}_i - \boldsymbol{y}_j|). \tag{7.22}$$

上式中的阶跃函数

$$\theta(x) = \begin{cases} 1, & x > 0, \\ 0, & x \leqslant 0 \end{cases}$$

完成计数关联对的任务. 如果 ϵ 取得太大, 任何一对矢量都发生 "关联", $C(\epsilon) = 1$, 取对数后为 0. 如果 ϵ 取得合适, 而原始数据客观地反映出类似 (7.19) 的标度性质, 那就可以定义**关联维数**

$$D_2 = \lim_{\epsilon \to 0} \frac{\ln C(\epsilon)}{\ln \epsilon}. \tag{7.23}$$

　　我们的兴趣在于动力学导致的关联或回归. 如果 ϵ 取得太小, 已经低于环境噪声和测量误差造成的矢量差别, 从 (7.23) 式算出来的就不是关联维数, 而是嵌入维数 m. 这是因为噪声和误差在矢量的任意分量上都起作用. 在实践中, 往往要试取一批 m 值, 看能否得到不变的 D_2, 即在双对数关系 $\ln C(\epsilon)$-$\ln \epsilon$ 中有无直线段 (见图 7.3). 这样既可验证标度关系 (7.19), 又可以有效地区分噪声和动力学信号.

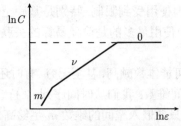

图 7.3　关联 $C(\epsilon)$ 与 ϵ 的关系示意

其实, 前面引入的各种维数都是更普遍的 q 阶信息维数的特例:

$$D_q = \frac{1}{q-1} \lim_{\epsilon \to 0} \frac{\ln \left(\sum_{i=1}^{N(\epsilon)} P_i^q \right)}{\ln \epsilon}. \tag{7.24}$$

这个式子是根据箱计数的精神写出来的, 其中 P_i 是第 i 个小箱被运动轨道访问的概率. 可以证明, 当 $q = 0, 1, 2$ 时, 由 (7.24) 式相应得到分维 (7.18)、信息维数 (7.20) 和关联维数 (7.23). 这就是我们在前面为这些维数加上数码下标的原因. 在 (7.24) 式中约定, 不写概率 $P_i = 0$ 的项, 就可以令 q 从 $-\infty$ 变到 ∞, 得到维数谱 D_q. 不难证明, 对于任意两个 q 值, 有

$$D_q \leqslant D_{q'}, \quad \forall q \geqslant q', \tag{7.25}$$

特别是

$$d \leqslant D_2 \leqslant D_1 \leqslant D_0 \leqslant \cdots.$$

对于规整的几何对象, 乃至像康托尔集合那样的均匀分形, 都没有必要使用 D_q, 因为这时 D_q 只有一个值. 对于康托尔集合,

$$D_q = 0.6309 \cdots, \quad \forall q.$$

不均匀性可能有两种来源, 分别是物理上的和几何上的. 物理上的不均匀性反映为各种概率 P_i; 几何上的不均匀性把统一的缩小比例 ϵ 换成不同的 ϵ_i, 导致**多标度分形**. 最简单的多标度分形在一定分辨率下由 K 片组成, 每片由整体缩小 ϵ_i 倍得来, 而且具有权重或概率 P_i. 对于这样的多标度分形, 存在以下求和公式[74]:

$$\sum_{j=1}^{K} \frac{P_j^q}{\epsilon_j^{(q-1)D_q}} = 1. \tag{7.26}$$

这个式子的详细推导见文献 [75](以及 [20] 的 6.1.5 节), 这里只推导它在 $q = 0$ 时的特例

$$\sum_{j=1}^{K} \epsilon_j^{D_0} = 1. \tag{7.27}$$

我们用箱计数法来计算维数. 总的箱数来自各片的计数,

$$N(\epsilon) = \sum_{j=1}^{K} N_j(\epsilon). \tag{7.28}$$

我们不知道第 j 片的贡献 $N_j(\epsilon)$ 是多少. 但是根据自相似性, 如果把箱子的尺寸缩小 ϵ_j 倍, 则覆盖第 j 片所用的箱数, 应与原来覆盖整个分形所用箱数相同, 即

$$N_j(\epsilon_j \epsilon) = N(\epsilon).$$

根据标度性质 (7.19)，得到

$$N_j(\epsilon) \propto \left(\frac{\epsilon}{\epsilon_j}\right)^{-D_0}.$$

把上式和 (7.19) 式代回 (7.28) 式两边，经整理后即得到 (7.27) 式. 以上简单推导只使用了自相似性和标度性质 (7.19). 它们也是普遍关系 (7.26) 式的基础.

　　线性系统中各种运动模式可以独立地激发，它们的数目决定了相空间维数. 非线性系统中各种运动"模式"互相耦合，特别是存在耗散时，系统的长时间行为发生在低于相空间维数的吸引子上. 一般说来，具有正和零李雅普诺夫指数的方向，都对支撑起吸引子起作用，而负李雅普诺夫指数对应的收缩方向，在抵消膨胀方向的作用后，贡献吸引子维数的分数部分.

　　让我们把所有的李雅普诺夫指数从大到小排序，

$$\lambda_1 \geqslant \lambda_2 \geqslant \lambda_3 \geqslant \cdots,$$

然后从最大的 λ_1 开始 (混沌运动至少有一个指数大于零)，把后继的指数一个个加起来. 假设累加到 λ_k 时，总合 S_k 还是正数，而加到下一个 λ_{k+1} 时，总合 S_{k+1} 成为负数 (见图 7.4)，我们很自然地设想，吸引子维数应当介于 k 和 $k+1$ 之间. 用线性插值定出维数的分数部分，得到

$$D_{\mathrm{L}} = k + \frac{S_k}{|\lambda_{k+1}|}, \tag{7.29}$$

这里

$$S_k = \sum_{j=1}^{k} \lambda_j > 0,$$

其中 k 是保证 $S_k > 0$ 的最大 k 值. 这样定义的维数，称为**李雅普诺夫维数**. 在实际计算中，D_{L} 比箱计数收敛快得多. 卡普兰 (J. L. Kaplan) 和约克曾经猜测[76]，李雅普诺夫维数与分维相等. 事实上，对于不少系统，的确有 $D_{\mathrm{L}} = D_0$.

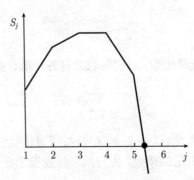

图 7.4　前若干个李雅普诺夫指数之和示意

维数谱 D_q 的另一种定义, 与吸引子中点的密度分布的奇异性有关, 我们放到后面再讲 (见 §7.5).

§7.4 一维映射中的分形

一维映射只有一个李雅普诺夫指数 λ. 当 $\lambda > 0$ 时, 吸引子是一维的; 当 $\lambda < 0$ 时, 吸引子收缩为 0 维的不动点或周期点. 因此, 只有在 $\lambda = 0$ 处才有希望存在介于 0 和 1 之间的分维. 回顾抛物线映射的李雅普诺夫指数随参量的变化曲线 (图 7.1). 我们在 §7.2 已经指出, 有三种 $\lambda = 0$ 的情形. 现在就分别讨论这三种情形下有没有分形和分维出现.

第一种情形是有限的倍周期分岔点 μ_k 处. 在它的两侧都有 $\lambda < 0$ 和 $D_0 = 0$. 因此, 根据连续性, 知道在中间 $\lambda = 0$ 处必有 $D_0 = 0$. 然而, 情况并不如此简单. 由于 μ_k 附近的临界慢化 (见 §8.1), 无论多长的数值计算都只能得到正在收敛中的点的分布, 而不能达到 0 维的一个点. 我们可以试用箱计数法来估算这些收敛中的点的集合的维数. 事实上, 可以不用数值计算而解析地完成箱计数[77].

为了简单起见, 让我们考虑单峰映射的第一个分岔点 μ_1, 即不动点将要失稳, 周期 2 将要出现的参量 $\mu \leqslant \mu_1$. 把原点移动到不动点附近, 映射成为

$$x_{n+1} = -x_n + a x_n^2,$$

其中 a 由映射在不动点处的二阶导数即曲率决定, 而 x_n 是偏离不动点不远的小量. 这是交替落在不动点两侧的迭代过程 (可参看后面的图 8.2). 为了只考虑一侧的点分布, 我们再迭代一次, 并忽略 x_n 的高阶项, 得到

$$x_{n+2} = x_n - 2a^2 x_n^2.$$

当 n 很大时, 这个差分方程可以用微分方程

$$\frac{\mathrm{d}x}{\mathrm{d}n} = -a^2 x^2$$

来逼近. 我们已经在推导 (4.6) 式时使用过这种技巧. 如果我们引入点的分布 $\rho(x)$, 写出

$$\mathrm{d}n = \rho(x)\mathrm{d}x,$$

则

$$\rho(x) = \frac{1}{a^2 |x^3|}. \tag{7.30}$$

这就是趋向不动点的暂态过程中的点, 以不动点为中心的分布方式. 现在用长度为 ϵ 的箱 (线段) 来覆盖这个分布. 由于 $\rho(x)$ 从无穷高的中心单调下降, 总存在某个 x_0, 使得

$$\epsilon \rho(x_0) = 1. \tag{7.31}$$

在 $x < x_0$ 时，每个箱中都有点；而对于 $x > x_0$，许多箱中才有一个点. 因此，总点数是

$$N(\epsilon) = \frac{2x_0}{\epsilon} + 2\int_{x_0}^{\infty} \rho(x)\mathrm{d}x,$$

因子 2 计入左右两侧的贡献，不过这并不重要. 完成积分，并且把从 (7.31) 式求得的 x_0 代入，得到

$$N(\epsilon) \propto \epsilon^{-2/3}.$$

根据分维的定义 (2.30)，立即算得[77]

$$D_0 = \frac{2}{3}. \tag{7.32}$$

上述推导过程自然也适用于其他有限分岔点 μ_k. 我们再次强调，这样算得的 D_0 不是极限集合的真正的维数 (它只能等于 0)，而是数值试验中不可避免的一种实际的"操作"维数.

第二种李雅普诺夫指数经过 0 点的情形，是在倍周期分岔序列的极限点 μ_∞，以及一切 l 倍周期序列的极限点 μ_∞^Σ 处 (参见 §4.5).

为了说明基本概念，我们先利用上节推导出的 (7.27) 式，即

$$\sum_{j=1}^{K} \epsilon_j^{D_0} = 1$$

来估计一下倍周期分岔序列极限点 μ_∞ 处的极限集合维数. 对于倍周期分岔序列，$K = 2$，而两个标度因子 ϵ_1 和 ϵ_2 都近似地由 α 决定 (见 §2.3 和下面利用重正化群方程的讨论)：

$$\epsilon_1 = \frac{1}{\alpha}, \qquad \epsilon_2 = \frac{1}{\alpha^2}.$$

代入上面的求和公式，解一个简单的一元二次代数方程，得到

$$D_0 = \frac{\ln\left((\sqrt{5}+1)/2\right)}{\ln\alpha} = 0.524\cdots,$$

它与精确值[78]

$$0.53763 < D_0 < 0.53854,$$

误差不超过 2.6%①. 这里的误差要由所谓"对标度的修正"来消除，因为 $\epsilon_2 = \alpha^{-2}$ 等并不是精确的关系.

事实上，如果我们能从数值试验求得所有的几何标度因子 ϵ_j，就可以从求和公式 (7.26) 计算出各种 l 倍周期分岔序列的极限集合维数[39]. 这些标度因子的首末两个满足关系式 $\epsilon_K = \epsilon_1^2$，这可由 l 倍周期序列的重正化群方程 (4.37) 出发加以

---

① 文献 [11] 算得的精确值是 $D_0 = 0.5380451435805499116 7415567\cdots$.

证明. 我们省去细节[39], 只在此说明可以为各种基本字 Σ 所导致的 l 倍周期序列求得 D_q 曲线. 这些大同小异的曲线, 可以简单地被 D_0 除而变成一条普适曲线[79]. 这种普适标度关系如果成立, 是一种不依赖于基本字的"超"普适性, 而费根鲍姆式的普适性都只对一定的基本字 Σ 成立 (见 §4.5). 迄今发表的关于这种"超"普适性的证明都是不严格的. 它很可能是数值上很好地成立的近似关系. 顺便指出, 一些较短的基本字的 D_0 已在表 4.1 最后一列给出, 那里记做 D_Σ.

有限分岔点 μ_k 处的分维 (7.32), 即 $D_0 = 0.666\cdots$ 同极限集合的分维 $0.538\cdots$ 数值不同. 这就提出了一个新问题: 当 k 趋向无穷时, 这两个数值是怎样联系起来的? 原来存在着一个双参量的标度函数 $D(k,\epsilon)$, 其中 k 是分岔点的序号, 即 μ_k 的下标 k, ϵ 是箱计数法中的小箱的尺寸. 这个函数有两种取极限的顺序, 两者不能互换, 因为每种顺序导致上面的一种数值[80]:

$$\lim_{k\to\infty}\lim_{\epsilon\to 0}D(k,\epsilon)=2/3=0.666\cdots,$$
$$\lim_{\epsilon\to 0}\lim_{k\to\infty}D(k,\epsilon)=0.538\cdots. \tag{7.33}$$

还可以进一步把 $D(k,\epsilon)$ 变成单变量函数 $D(\theta)$, 其中标度变量 $\theta = \epsilon^{1/k}$, 而 (7.33) 式的两个极限分别出现在 θ 的大小两端.

现在剩下李雅普诺夫指数经过 0 的第三种情形, 即在切分岔开始处, λ 由正降到负, 中间 $\lambda = 0$ 对应阵发混沌的分维. 经过前面的讨论, 事情已经很简单. 我们由 (4.6) 式直接写出

$$\rho(x) = \frac{1}{ax^2},$$

用 (7.31) 式求得稍有不同的 x_0, 最后得到

$$N(\epsilon) \propto \epsilon^{-1/2},$$

因此

$$D_0 = \frac{1}{2}. \tag{7.34}$$

一维映射中分形的另一个例子是发散映射中的奇怪排斥子, 我们在 §8.3 中再讨论.

§7.5 满映射维数谱中的"相变"

光滑的 D_q-q 曲线有时会发生转折或断裂, 造成所谓多分形热力学描述中的"相变". 这种相变反映了点的密度分布 $\rho(x)$ 中的奇异性. 我们以满映射 (6.1) 的密度分布 (6.2) 为例加以说明. 不过, 在这之前, 我们要先回到 §7.3 末尾提到的, 与奇异性有关的 D_q 的另外一种定义.

维数谱 D_q 的箱计数定义 (7.24) 式可以看成一种对时间的平均. 为此, 只须把 i 理解为按运动轨道的计数, 轨道依次穿过各个小箱. 不均匀的吸引子中的各点可能具有不同的标度行为, 主要表现在箱尺寸 ϵ 趋近 0 时, 概率 P_i 可能出现奇异性. 以满映射的密度分布 (6.2) 为例, 它的两个端点就是奇异的无穷尖峰. 如果在离端点很近的箱中由密度分布求概率, 就会得到

$$
\begin{aligned}
P &= \int_{1-\epsilon}^{1} \frac{\mathrm{d}x}{\pi\sqrt{1-x^2}} \approx \frac{1}{\pi} \int_{1-\epsilon}^{1} \frac{\mathrm{d}x}{\sqrt{2(1-x)}} \\
&= \frac{1}{\pi} \int_{0}^{\epsilon} \frac{\mathrm{d}x}{\sqrt{2x}} \propto \epsilon^{1/2},
\end{aligned} \tag{7.35}
$$

这里 1/2 就是奇异性的指数. 如果在分布的没有奇异性的中段某点 x_0 附近求概率, 则

$$
P = \int_{x_0-\epsilon/2}^{x_0+\epsilon/2} \frac{\mathrm{d}x}{\pi\sqrt{1-x^2}} \approx \frac{1}{\pi\sqrt{1-x_0^2}} \int_{x_0-\epsilon/2}^{x+0+\epsilon/2} \mathrm{d}x \propto \epsilon, \tag{7.36}
$$

指数是 1. 这里使用了中值定理. 一般说来, 吸引子中可能有各种各样的点, 它们具有奇异性

$$
P \propto \epsilon^{\alpha}, \quad \epsilon \to 0. \tag{7.37}
$$

我们就用 α 来表示具有此种奇异性的点, 并且引入点数按 α 的分布函数 $h(\alpha)$. $h(\alpha)$ 的具体形状并不重要, 我们只要求它 "归一", 即 $\int h(\alpha)\mathrm{d}\alpha = 1$.

现在我们把按轨道的求和 $\sum_{i=1}^{N(\epsilon)}$ 变成按点的分布 $h(\alpha)$ 求和. 这在统计物理学中叫做由 "时间平均" 变成按 "系综平均". 其成立的前提是吸引子具有遍历性质, 即时间足够长之后, 一条轨道会靠近吸引子中的任意点. 混沌吸引子通常具有遍历性. 不过, 在做变换之前, 还得把概率归算到单位体积上. 在普通 α 维空间中, 这一归算就是用体积元 ϵ^{α} 除一下. 具有各种奇异性的点可能疏密不同、维数不同, 各自对应一个维数 $f(\alpha)$. 因此有[①]

$$
\sum_{i=1}^{N(\epsilon)} P_i^q \Rightarrow \int h(\alpha) \frac{\epsilon^{q\alpha}}{\epsilon^{f(\alpha)}} \mathrm{d}\alpha = \int h(\alpha) \epsilon^{q\alpha-f(\alpha)} \mathrm{d}\alpha.
$$

我们只关心 $\epsilon \to 0$ 时的结果, 可以用最速下降法 (鞍点法) 来估算上面的积分. 当 $\epsilon \to 0$ 时, 对积分的主要贡献来自 ϵ 的幂次最小处, 即

$$
q\alpha - f(\alpha) = \min
$$

处. 这样的 $\bar{\alpha}$ 值由极小值条件

---

① 请注意本节中的 α 和 f 与前面各章中的标度因子、映射函数没有关系, 是两个新的记号.

$$\frac{\mathrm{d}}{\mathrm{d}\alpha}\left(q\alpha - f(\alpha)\right) = 0,$$

$$\frac{\mathrm{d}^2}{\mathrm{d}\alpha^2}\left(q\alpha - f(\alpha)\right) > 0 \tag{7.38}$$

决定. 把常数因子提出积分之外, 并利用 $h(\alpha)$ 的归一条件, 得到

$$\sum_{i=1}^{N(\epsilon)} P_i^q \Rightarrow \epsilon^{q\overline{\alpha} - f(\overline{\alpha})}.$$

把上式代回维数的箱计数定义 (7.24), 得到

$$D_q = \frac{1}{q-1}\left(q\alpha - f(\alpha)\right). \tag{7.39}$$

这就是 D_q 的第三种定义. 式中已经省去了 α 上面的短横线, 只须记住它是由条件 (7.38) 确定的. $f(\alpha)$ 称为吸引子的**奇异性谱**, 原则上可由实验测量. 从 $f(\alpha)$ 到 D_q 的变换 (7.39) 相当于热力学中由压强 P 和温度 T 作自变量, 改变到以体积 V 和温度 T 为自变量的勒让德变换.

为了说明 f 的意义, 我们再看一个固体物理中的常用变换. 为了把某种按晶格格点的求和变成对连续固体的积分, 要引入密度分布 $\rho(x)$, 并且使用以下关系:

$$\frac{1}{(2\pi)^3}\sum_i \cdots = \frac{1}{V}\cdots \rho(\boldsymbol{r})\mathrm{d}V.$$

上式是为三维固体写出来的, 体积 $V = L^3$, L 是固体边长. 只有在物理量的分布没有奇异性时, 上式才是对的. 如果物理量的分布集中在某个面上, 则上式右端还得补上一个包含面密度分布 $\sigma(\boldsymbol{r})$ 的面积分

$$\frac{1}{L^2}\iint \cdots \sigma(\boldsymbol{r})\mathrm{d}S.$$

如果有奇异性集中在某条线上, 那还得补上线积分

$$\frac{1}{L}\int \cdots \tau(x)\mathrm{d}l$$

等等. 如果还有集中在个别点上的奇异性, 则左面求和中的这些点不能并入积分, 而得照原样抄到右面. 这样的项前面没有被 L 的幂次除, 实际上是被 L^0 除, 0 是点的维数. 上面出现的 L^3, L^2, L, L^0 对应分布在规整几何对象上的奇异性. 对于第 α 类奇异点, 就得除以 $L^{f(\alpha)}$.

如果用某种办法得到了 $f(\alpha)$ 曲线, 则可用 (7.39) 式求出相应的 D_q 谱. 这种计算可用简单的图上作业法实现. 图 7.5 给出一条典型的 $f(\alpha)$ 曲线. 这条曲线的一批性质由前面的推导, 特别是条件 (7.38) 决定. 例如:

(1) $f(\alpha)$ 是凸函数, 因为 $f'' < 0$.

(2) 由于 $\dfrac{\mathrm{d}f}{\mathrm{d}\alpha} = q$, $f(\alpha)$ 在 $q > 0$ 时上升, 而在 $q < 0$ 时下降.

(3) 在曲线的最高点 A 处 $q = 0$, 而 $f(\alpha(0)) = D_0$.

(4) 在 $q = 1$ 处, 曲线 $f(\alpha)$ 与分角线 $f = \alpha$ 相切 (见图 7.5 中 B 点). 在此点有 $D_1 = \alpha(1) = f(\alpha(1))$.

(5) 因为 $q = \pm\infty$ 处 $\mathrm{d}f/\mathrm{d}\alpha = \pm\infty$, 所以, 若 $f(\alpha)$ 曲线与横轴相交, 它只能在 $\alpha(\pm\infty)$ 处与之垂直相交.

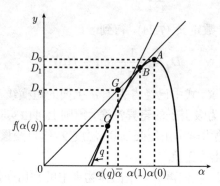

图 7.5   由 $f(\alpha)$ 求 D_q 的图上作业法

q 是 C 点切线的斜率

在图 7.5 中作一条斜率为 q 的直线, 与 $f(\alpha)$ 相切于 C 点. 它的延长线同分角线 $y = \alpha$ 交于 G 点. G 点的纵坐标就是 D_q. 这很容易由图中的几何关系与 (7.39) 式相比较来证明.

现在回到满抛物线映射的密度分布 (6.2). 它只有两类点:

(1) 孤立的奇异点, $f = 0$, 而 (7.35) 式给出 $\alpha = 1/2$.

(2) 构成直线段的普通点, $f = 1$, 而 (7.36) 式给出 $\alpha = 1$.

可见 $f(\alpha)$ "曲线" 退化成 α-f 平面中的两个点. 对这条 "曲线" 照样实行前面描述的图上作业法, 只有两种情况:

(1) 对于从 ∞ 变到 2 的 q 值, "切线" 只与点 $(\alpha, f) = (1/2, 0)$ 相接触, 于是从 (7.39) 式得到

$$D_q = \frac{q}{2(q-1)}.$$

(2) 对于 q 从 2 变到 $-\infty$ 的区域, 切线围着 $(\alpha, f) = (1, 1)$ 点转动, 从 (7.39) 式得到 $D_q = \alpha = 1$.

这样, D_q 由两段组成 (见图 7.6),

$$D_q = \begin{cases} 1, & -\infty < q \leqslant 2, \\ \dfrac{q}{2(q-1)}, & 2 \leqslant q < \infty, \end{cases} \tag{7.40}$$

在 $q = 2$ 处发生"相变". 这种"相变"当然不是物理世界中的突变, 而是描述过程中的突然变化. 为了理解这一点, 最好回到 (7.24) 或 (7.26) 式中的参量 q. 大 q 强调出大概率 P_i 的事件, 而负 q 强调出小概率事件. q 像是某种分辨率的控制钮, "相变"只反映出 q 改变过程中特征量的行为突变. 其实, 这在上面满映射的实例中可以看得很清楚, "相变"只反映从 $\alpha\text{-}f$ 平面中一点控制 D_q 跳到由另一点控制.

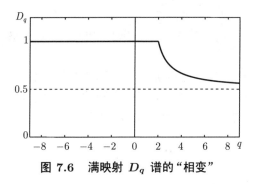

图 7.6 满映射 D_q 谱的"相变"

满映射 D_q 曲线中的相变, 最初由奥特 (E. Ott) 等人算出[81]. 上面的简单推导, 以及图 7.5 所示的图上作业法, 基于杨维明的未公开发表的结果[82].

§7.6 测度熵和拓扑熵

混沌轨道的局部不稳定性, 使相邻轨道以指数速率分离. 如果两个初始点如此靠近, 以致在一段时间里不能靠测量来区分两条轨道, 则在它们充分分离后就能够加以区分. 在这个意义下, 混沌运动产生信息, 信息量与可以区分的不同的轨道数目 N 有关. 对于混沌运动, N 随时间指数增长,

$$N \propto e^{Kt}. \tag{7.41}$$

常数 K 刻画信息产生的速率, 实际上它就是下面要讲的熵或测度熵.

另一种看来似乎相反的提法是: 如果我们掌握着关于初值的精确信息, 则这些信息在运动过程中逐渐丢失, 轨道变得不能同来自其他初值的某些轨道区分. 上面的常数 K 的倒数, 具有时间的量纲, 给出从精确初值出发可以进行预测的时间.

1958 年柯尔莫戈洛夫 (A. N. Kolmogoroff) 定义了测度熵. 随后, 西奈 (Ya. G. Sinai) 做了改进. 因此, 测度熵又称为柯尔莫戈洛夫–西奈熵、KS 熵或简称熵. 熵的数学定义要求对吸引子进行分割, 并且考虑这种分割在动力学作用下的无穷细分, 对细分过程中根据测度算出的信息量进行上确界估计. 这种定义很难实际运用. 因此, 我们讨论一种物理上更为直观的算法.

我们在 §7.3 中定义信息维数时, 已经引进第 i 个箱出现的概率 P_i. 那里并没有用轨道把许多箱串起来. 现在我们关心可以区分的不同的轨道, 因此必须引用联合概率 $P(i_1, i_2, \cdots, i_m)$, 即轨道在时刻 t 处在第 1 个箱中, 在时刻 $t + \Delta t$ 处于第 2 个箱中, ……, 在时刻 $t + (m-1)\Delta t$ 处于第 m 个箱中的概率. 这样的联合概率原则上可以从数值试验或实际观测中求得. 然后, 就可以通过信息量定义测度熵

$$K = - \lim_{\Delta t \to 0} \lim_{\epsilon \to 0} \lim_{m \to \infty}$$
$$\sum_{i_1, i_2, \cdots, i_m} P(i_1, i_2, \cdots, i_m) \times \ln P(i_1, i_2, \cdots, i_m), \tag{7.42}$$

这里 ϵ 是箱的尺寸. K 的数值是判断运动性质的重要指标: 对于规则运动 $K = 0$; 对于纯随机运动 $K = \infty$; 而混沌运动对应有限的正 K 值. 测度熵与正李雅普诺夫指数有密切关系. 对于有限维的可微分的映射[83],

$$K \leqslant \sum_{\{i : \lambda_i > 0\}} \lambda_i, \tag{7.43}$$

即所有正的李雅普诺夫指数之和, 给出测度熵的上限. 在实践中, (7.43) 中的等式往往成立, 它成为所谓培津 (Ya. B. Pesin) 等式[84]

$$K = \sum_{\{i : \lambda_i > 0\}} \lambda_i. \tag{7.44}$$

历史上, 测度熵的引入先于拓扑熵. 拓扑熵是比测度熵更弱的混沌判据. 它不考虑相空间细分过程中的测度, 而只保留计数问题. 如果细分中的各个 "覆盖" 具有相同的测度 (概率), 则测度熵 K 就回到拓扑熵 h, 正如信息维 D_1 回到分维 D_0 一样. 一般情形下,

$$h \geqslant K \geqslant 0, \tag{7.45}$$

因此正拓扑熵不能保证测度熵为正, 而正测度熵一定导致正拓扑熵. 用正拓扑熵定义的混沌称为拓扑混沌, 它只意味着运动中含有不规则的成分, 并不保证相应的混沌运动可以观测. 然而, 正拓扑熵是很容易界定的量, 因而在数学文献中经常用到. 物理上更可靠的混沌定义, 应当要求存在正的李雅普诺夫指数或测度熵.

由于拓扑熵只由不同轨道的计数问题决定, 通常可用下式计算[85]:

$$h = \lim_{n \to \infty} \frac{\ln N(n)}{n}, \tag{7.46}$$

其中 $N(n)$ 是长度为 n 的不同的轨道点的数目.

对于单峰映射中用周期字 $(\Sigma C)^\infty$ 和最终周期的字 $\rho\lambda^\infty$ 做揉序列的映射, 可以由转移矩阵简单地计算出拓扑熵. 我们以周期 3 字 $(RLC)^\infty$ 为例, 说明基本思想. 这时, 3 个周期点把动力学不变区间分成两段, 我们分别记为 I 和 II. 容易看

出，凡是从左面线段 I 出发的点，经过一次迭代后都落入右面的线段 II，但是从线段 II 出发的点，经过一次迭代后可能落入 I，也可能仍留在 II 中. 换言之，在一次迭代下，这两个线段的变换是

$$I \to II,$$
$$II \to I + II.$$

这一变换可以用转移矩阵写成

$$\begin{pmatrix} I' \\ II' \end{pmatrix} = \begin{pmatrix} 0 & 1 \\ 1 & 1 \end{pmatrix} \begin{pmatrix} I \\ II \end{pmatrix},$$

这里的转移矩阵

$$\boldsymbol{T} = \begin{pmatrix} 0 & 1 \\ 1 & 1 \end{pmatrix} \tag{7.47}$$

又称为斯捷凡矩阵[17]. 所有以 $(\Sigma C)^\infty$ 或 $\rho\lambda^\infty$ 为揉序列的映射，都对应有限的斯捷凡矩阵. 例如，满映射 RL^∞ 对应

$$\boldsymbol{T} = \begin{pmatrix} 1 & 1 \\ 1 & 1 \end{pmatrix}.$$

关于详情和更多的实例，可以参看文献 [22] 和 [86].

一般情形下，经过 n 次迭代后各个线段之间的变换由转移矩阵的 n 次幂决定. 为了形成周期 n 轨道，必须由哪个线段出发就回到哪个线段. 因此，其数目由

$$\sum_{i=1}^{K} (\boldsymbol{T}^n)_{ii} = \operatorname{tr}(\boldsymbol{T}^n)$$

决定. 上式中下标 i 是线段的编号，而 tr 是取矩阵的迹. 当 n 很大时，矩阵的迹中只剩下最大本征值的贡献. 因此有

$$N(n) \approx \lambda_{\max}^n,$$

其中 $\lambda_{\max}$ 是斯捷凡矩阵的最大本征值. 于是由 (7.46) 式，得

$$h = \ln \lambda_{\max}. \tag{7.48}$$

对于周期 3 窗口的转移矩阵 (7.47)，最大本征值为

$$\lambda_{\max} = \frac{1 + \sqrt{5}}{2},$$

因此拓扑熵等于 $h = 0.4812 \cdots > 0$. 我们知道，在这个窗口里绝大多数初值都被吸引到稳定的周期 3 轨道，根本看不见什么混沌运动. 然而，拓扑熵又大于零，这表明还是存在着某些与混沌有关的行为. 我们将在下一章里看到，这就是与奇怪排斥子有关的过渡混沌 (§8.4).

拓扑熵的理论与符号动力学乃至符号序列的语法复杂性有密切关系. 我们将在下节中做扼要介绍.

§7.7   符号序列的语法复杂性

我们在 §2.6 中已经说过, 符号动力学是在有限精度下对运动过程的粗粒化描述. 对自然界的任何刻画都不可能同时瞄准所有的时空层次, 粗粒化是物理学研究方法的精髓. 实行粗粒化必须容许近似, 忽略细节, 然而恰当的粗粒化可以导致严格的科学结论. 在很多情形下, 粗粒化伴随着使用符号. 其实, 科学描述中使用的许多符号, 就代表着粗粒化的一定层次. 在粒子物理学中, u, d, c, s, b 和 t 这些小写英文字母是 6 个夸克的名字, 而在生物化学家眼里, a, c, g 和 t 是 4 种核苷酸的记号. 它们分别代表着时空尺度相差很远的客观对象, 有着完全不同的内在含义.

如果符号的使用导致符号串的出现, 就像符号动力学里的轨道或生物化学中的 DNA 序列, 那就可能同已经发展得相当完备的形式语言学发生联系, 可以借助形式语言学的工具对客观现象的复杂性做更严格的刻画. 因此, 我们在这一节里极其简略地介绍从形式语言学出发, 对动力学中符号轨道进行分类的成果. 对有意深造的读者, 我们推荐谢惠民的专著 [87].

为了引入形式语言, 首先要有一个字母集 Σ. 让我们只关注有限个字母组成的集合, 例如 $\Sigma = \{R, L\}$ 或 $\Sigma = \{a, c, g, t\}$. 用字母集中的字母构造一切可能的长长短短的字母串, 包括空串, 把所有这些串的总体记做 Σ^*. Σ^* 的任何一个子集合 $L \subseteq \Sigma^*$ 称为一个语言 L. 这就是形式语言的一般定义. 定义的关键当然是如何界定这个子集合.

最常用的一大类语言是"生成语言". 从 Σ^* 里指定一个或多个串做"种子"或初始串, 再规定一批置换规则: 见到某个字母或字母串就把它置换成另外的串. 把置换规则作用到初始串集合及其置换产物上, 这样得到的全部字母串构成一个语言. 字母集、初始字母集合和置换规则加到一起称为语法 G, 按此语法生成的语言记做 $L(G)$.

置换规则可以串行也可以并行地作用在对象字母串上. 并行规则生成的语言家族称为 L 系统. 本书不去触动内容丰富的 L 系统理论. 乔姆斯基 (N. Chomsky) 在 20 世纪 50 年代中期把串行生成的语言做了分类. 那时的背景是刚刚出现了计算机和写程序用的语言, 如 ALGOL 或 FORTRAN, 需要对它们的复杂程度进行分类. 我们不做详细介绍, 只把乔姆斯基的分类概括在表 7.1 中.

表 7.1 第一列"类别"是复杂性的阶梯, "0"最简单, "3"最复杂. 对于单峰映射的符号动力学, 我们可以说, 凡是动力学产生的符号字, 即满足允字条件的符号序列, 就都属于语言 L. L 可以称为动力学语言. 20 世纪 90 年代以来, 对于单峰映射的动力学语言 L 增加了不少新认识.

表 7.1　串行生成语言的乔姆斯基分类

类别	名称	存储要求	计算机	实例
3	递归可数语言	无穷	图灵机	
2	上下文有关语言	正比于输入量	线性有界自动机	费根鲍姆吸引子
1	上下文无关语言	堆栈	下推自动机	FORTRAN 语言
0	正规语言	无	有限状态自动机	周期符号轨道

　　首先，很容易看出来，周期和最终周期的符号字都属于最简单的正规语言层次. 谢惠民[88] 证明，在这个动力学语言中，属于正规语言层次的只有周期和最终周期这两种符号字. 这就彻底解决了 L 中的正规语言问题. 下一个目标自然是寻求上下文无关语言的实例. 根据谢惠民的定理，任何有限长的周期序列只能属于最简单的正规语言. 周期趋向无穷长时的极限序列，有可能不受定理限制，越出正规语言而进入更复杂的语法层次. 让我们试图从这些周期无穷长的序列中寻求上下文无关或上下文有关的动力学语言实例.

　　怎样才能比较无穷长周期的揉序列的语法结构呢？我们建议利用上一节里介绍过的斯捷凡矩阵. 可以构造一系列有限周期的斯捷凡矩阵，观察它们的结构如何变化到无穷. 以费根鲍姆的倍周期分岔序列为例，逐个产生对应周期为 2^n 的斯捷凡矩阵，考察其结构变化. 当 n 增加时，这些矩阵的最左面会产生新的小模块，原有模块的尺寸也会增加，但总的块状结构是一致的. 图 7.7 是费根鲍姆倍周期序列中周期为 256 的轨道对应的斯捷凡矩阵. 人们已经证明，费根鲍姆的极限序列越出了上下文无关语言，进入了上下文有关语言的复杂性层次.

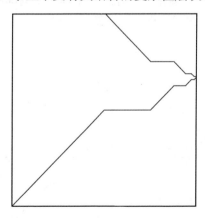

图 7.7　费根鲍姆倍周期序列中周期 256 轨道的斯捷凡矩阵

点代表 1, 其他元素都是零

　　为了系统地寻求比正规语言更复杂的符号字，本书作者建议使用一种"块归并"方法[86]. 给定两种初始模块，即字母短串 b_0 和 b_1，由以下递归关系产生字母串的序列：

$$b_{2n} = b_{2(n-1)}b_{2n-1},$$
$$b_{2n+1} = b_{2n}b_{2n-1}.$$

$$(7.49)$$

　　一般说来，序列中的每一个字母串刚产生出来时并不一定是移位最大字，但总可以通过循环移位得到移位最大字，并把它取做周期揉序列的基本单元. 例如，可以按表 7.2 所示的四种方式定义初始短串 b_0 和 b_1：

表 7.2　单峰映射中斐波那契周期序列的初始模块

种类	b_0	b_1	极限参量值
(a)	L	RR	1.710398948
(b)	R	LR 或 RL	1.714744850
(c)	L	RL 或 LR	1.858511400
(d)	R	LL	1.988787569

　　序列中的符号字长按斐波那契数列增长. 斐波那契数列由以下递归关系定义：

$$F_{n+2} = F_{n+1} + F_n,$$

这个二阶差分关系需要两个初值 $F_0 = 0$ 和 $F_1 = 1$. 最初几个斐波那契数是

$$0, 1, 1, 2, 3, 5, 8, 13, 21, 34, 55, 89, 144, 233, 377, \cdots$$

四种斐波那契周期序列中周期为 $F_{13} = 233$ 的轨道对应的斯捷凡矩阵，示于图 7.8 中. 可以看出，这四个矩阵的块状结构明显分成两类. 矩阵 (a) 的子块数目是固定的，并不因为周期增长而变得更复杂. 另外三个矩阵更像前面的费根鲍姆倍周期序列中周期 256 轨道的斯捷凡矩阵 (图 7.7)，其子块数目不断增加. 直观地猜想，后三

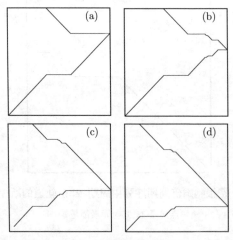

图 7.8　四种斐波那契周期序列中周期为 $F_{13} = 233$ 的轨道的斯捷凡矩阵

点代表 1，其他元素都是零；(a) 到 (d) 的定义见表 7.2

种序列的无穷极限应当比序列 (a) 的极限更复杂. 谢惠民与合作者证明, 这四种序列的无穷极限都对应上下文有关语法, 但同属上下文有关语言的这四种极限的复杂度可以进一步刻画, (a) 确实更简单一些. 我们省略有关的数学分析, 感兴趣的读者可以参看谢惠民等的原始论文, 见文献 [89] 的引文.

迄今为止, 一切在动力学语言 L 中寻求上下文无关实例的努力都没有成功, 以致谢惠民提出猜测: 在 L 中不存在上下文无关的字. 这个猜测至今没有被证明, 也没有找到足以推翻它的反例.

规定生成语法, 并不是定义语言的唯一方式. 例如, 有一类 "可因式化语言", 其定义很简单: 如果一个字 $x \in L$, 则 x 的任何子字 (因子) 直至单个字母, 都属于 L. 事实上, 动力学语言 L 也是一种可因式化语言, 因为符号序列的每一个小部分都是动力学产生的, 因而是允许的. 从动力学到生物学, 我们已经遇到过多个可因式化语言的实例, 请参看综述文章[90].

第 8 章　过 渡 过 程

　　我们在前面几章中研究的都是非线性映射的定常态行为，即时间趋向无穷时已经稳恒下来的轨道性质. 为了确保系统处于定常态，通常的做法是舍弃足够多的迭代点，以便过渡过程完全消逝. 过渡过程也称为"暂态"或"瞬态"过程. 然而，在非线性系统中，特别是在分岔点附近，可能存在既不"暂"也不"瞬"的极长的过渡行为.

　　我们在 §2.1 中已经提到，过渡过程是与有限观察精度相联系的物理概念. 只有实行粗粒化描述，才能忽略过渡过程与定常态的微小差别，认为系统进入了最终的定常态. 怎样判断过渡过程是否结束，是实验工作包括数值试验中必须注意的问题. 特别当参量值接近分岔点时，过渡时间可能趋向无穷长. 这是与相变现象中"临界慢化"相似的行为，也由普适的临界慢化指数刻画.

　　研究过渡过程还有更深刻的意义. 根据目前数学上尚未普遍证明，但物理学上颇为合理的认识，不稳定的周期轨道 (包括不动点) 以及它们的稳定流型和不稳定流型的相互作用，对产生混沌运动起着关键作用. 粗略地说，事情有两个方面：一方面，如果存在着奇怪吸引子，则它包含在不稳定流型的"闭包"中. 在时间趋向无穷时，系统经由过渡过程而最终进入奇怪吸引子. 这里的过渡过程可能很长而且已经带有相当多混沌成分. 另一方面，如果把时间逆转，则在时间走向负无穷时，系统会趋近某个平庸或奇怪吸引子的吸引域边界. 吸引域本身可能具有与奇怪吸引子相像的分形几何结构，成为所谓奇怪排斥子. 奇怪排斥子包含在稳定流型的闭包里. 如果初值选取在极为靠近奇怪排斥子的地方，则正向时间演化的初期可能经历相当长的过程才能离开奇怪排斥子，这时轨道也会反映出由奇怪排斥子结构决定的混沌行为. 这是另一种过渡混沌. 趋近奇怪吸引子的过渡混沌，同离开奇怪排斥子的过渡混沌，在实践中有时很难根据有限长的观测数据加以区分.

　　全面探讨过渡过程足够写一部专门著作. 我们在本章中，仍然仅结合抛物线映射介绍几个主要概念.

§8.1　倍周期分岔点附近的临界慢化指数

　　早在进入混沌制度之前，就可以在每个分岔点附近观察到临界慢化现象. 当参量 μ 接近分岔点 μ_k 时，达到一定收敛精度所要求的迭代次数越来越多. 我们在 §2.2 中对不动点做线性稳定性分析时，曾经令

$$x_{n+1} = x^* + \epsilon, \tag{8.1}$$

其中 x^* 是 $f^{(p)}(x)$ 的不动点. 通常 ϵ 按指数衰减,

$$\epsilon \propto \mathrm{e}^{-n/\tau}, \tag{8.2}$$

时间常数 τ 描述衰减速率. 在十分靠近临界点 μ_k 时, τ 可能趋向无穷长:

$$\tau \propto |\mu - \mu_k|^{-\Delta}, \tag{8.3}$$

Δ 是刻画临界慢化的普适指数. 对于单峰映射, 可以很容易地证明 $\Delta = 1$[91].

为了简化证明, 让我们考虑形式为

$$x_{n+1} = \mu f(x_n) \tag{8.4}$$

的单峰映射. §1.3 中的抛物线映射 (1.18) 就具有这种形式. 为了讨论周期 p 轨道, 我们把 p 次嵌套的映射记为

$$F(p, \mu, x) \equiv \mu^p f^{(p)}(x). \tag{8.5}$$

倍周期分岔序列就是 p 从 2^k 到 2^{k+1}(这里 $k > 0$) 的分岔过程. 我们考虑不动点

$$x^* = F(p, \mu_k, x^*).$$

假设 $\mu < \mu_k$ 时, x_{n+1} 以 (8.1) 式的方式收敛到不动点 x^*, 由线性稳定性分析知道,

$$x_{n+1} = F'(p, \mu, x^*)\epsilon_n,$$

其中 μ 很靠近 μ_k. 利用 ϵ_n 的 (8.2) 式, 由上式立即得到

$$\begin{aligned}
\tau &= -\left(\ln|F'(p, \mu, x^*)|\right)^{-1} \\
&= -\left(p\ln\mu + \sum_{i=1}^{p}\ln|f'(x_i^*)|\right)^{-1}.
\end{aligned} \tag{8.6}$$

这里使用了复合函数微分的链式法则, 而 x_i^* 是周期 p 轨道中的各个周期点. 由于 μ 很靠近 μ_k, 我们可以做展开

$$\ln\mu = \ln(\mu_k + \mu - \mu_k) \approx \ln\mu_k - \frac{\mu - \mu_k}{\mu_k}.$$

注意 μ_k 对应稳定性边界

$$|F'(p, \mu_k, x^*)| = 1.$$

上式取对数, 给出

$$p \ln \mu_k + \sum_{i=1}^{p} \ln |f'(x_i^*)| = 0,$$

于是我们从 (8.6) 式得到

$$\tau = \frac{\mu_k}{p|\mu - \mu_k|}. \tag{8.7}$$

同 (8.3) 式比较, 可见

$$\Delta = 1. \tag{8.8}$$

这个数值恰巧与相变现象临界动力学中平均场理论所给出的慢化指数一样. 对于平均场理论的偏离, 即 Δ 不等于 1 的情形, 应当在倍周期分岔序列的极限点 μ_∞ 附近去寻求.

为了确定 μ_∞ 附近的临界慢化指数, 只须注意我们在 (8.2) 式中所定义的 τ, 其实就是李雅普诺夫指数的倒数. 因此, 在倍周期分岔序列的极限点, 可以从我们在 §7.2 中已经引用过的标度关系 (7.14) 看出来

$$\Delta = \beta = 0.4498\cdots, \tag{8.9}$$

这里 β 是 (7.15) 式定义的指数.

我们看到, 这里又出现了不连续性: 在有限次的分岔点 μ_k 处 $\Delta = 1$, 而在 μ_∞ 处 $\Delta = 0.4408\cdots$. 把这两个数值联系起来的办法, 应与前面 §7.4 处理 μ_k 和 μ_∞ 处的维数值相像.

§8.2 过渡过程的功率谱

相变和临界现象的经验[35] 告诉我们, 非平衡的动态过程往往比定常态更为丰富, 非平衡普适类的划分比平衡系统要细. 非线性系统在靠近分岔点时, 其逐渐拉长的过渡过程在功率谱中也有所反映. 这在实践中宜特别注意, 以免把来自过渡过程的细节, 误认为新的定常态的特征. 我们仍以一维映射为例, 定性地说明可能出现的现象.

一般说来, 趋近稳定不动点的过渡过程有两种实现方式. 当映射函数在不动点处的斜率处在 0 和 1 之间时, 迭代过程从一侧趋向不动点 (图 8.1(a)). 这时功率谱中, 在最终应当出现尖峰的位置上, 会先出现有一定宽度的峰. 有外噪声存在时, 过渡过程造成的宽峰表现得更为明显. 随着过渡过程消失, 最后剩下较窄的尖峰. 这种情形的功率谱定性地示于图 8.1(b) 中. 图中数字 1 代表基频, 2 为倍频.

当不动点处映射函数的斜率介于 −1 和 0 之间时, 迭代过程以左右交替的方式趋向不动点, 每跳两步才回到先前有过的一个点附近 (图 8.2(a)). 这就使功率谱中增加了新的分频成分. 如图 8.2(b) 所示, 在主频的 1/2, 3/2 等处出现有一定宽

度的峰，它们的宽度因噪声存在而更明显. 随着过渡过程消失，这些分频峰也逐渐减弱，最后只剩下对应基频及其倍频的尖峰. 这种过渡过程功率谱很容易与倍周期分岔后的定常态功率谱混淆，以致对是否发生了倍周期分岔做出错误判断.

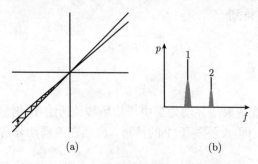

图 8.1 从一侧趋近不动点的过渡过程

(a) $0 < f' < 1$ 的迭代过程示意；(b) 其功率谱示意

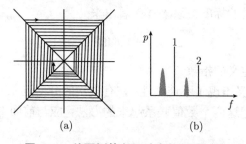

图 8.2 从两侧趋向不动点的过渡过程

(a) $-1 < f' < 0$ 的迭代过程示意；(b) 其功率谱示意

在高维动力系统中，过渡过程更为丰富. 根据不动点处的本征值情况，可能出现各种组合. 除了同一维映射相像的上述两种情形外，复本征值的出现还会带来新的频率成分，导致在功率谱中位置逐渐移动的过渡峰. 在具有离散对称的系统中，对称条件往往使得定常态功率谱中只有基频及其奇数倍频存在，但在过渡过程中却可能观察到偶数倍频的峰.

关于过渡过程功率谱的较为详细的讨论，可以参看文献 [92].

§8.3 奇怪排斥子和逃逸速率

在奇怪或平庸吸引子的吸引域，特别是吸引域边界上的不稳定轨道，可能起排斥子的作用. 如果设法使系统精确地处在不稳定轨道上，原则上它可能永远不离开轨道，但实践中由于噪声或计算机舍入误差的影响，系统终将离开不稳定轨道，就像后者在"排斥"一样. 不稳定的周期轨道是平庸的排斥子. 还可能存在具有康托尔集合结构的奇怪排斥子.

　　最简单的奇怪排斥子存在于斜率大于 2 的人字映射中, 见图 8.3. 图中画出了一个超出单位方区的人字映射, 并且从映射函数与上边界相交的两个点出发, 借助分角线构造了我们已经熟悉的逆轨道 (参看图 6.3). 这个映射的两个不动点都是不稳定的. 任何由图中用数字 1 标出的线段出发的轨道, 第一次迭代就跑到单位方区之外, 逃逸掉了. 由用数字 2 标出的两个线段出发的轨道, 在第二次迭代时逃逸. 如果继续把逆轨道构造下去, 就会得到 4, 8, 16, ⋯ 个新的小线段, 其上面的点经过有限次迭代之后, 从区间中逃逸出去. 这些逃逸区间像是我们在构造康托尔集合时舍去的线段中段 (见 §7.3), 因此, 剩下的点构成一种康托尔集合. 这就是一个奇怪排斥子.

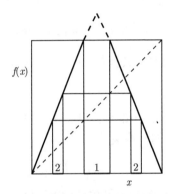

图 8.3　斜率大于 2 的人字映射

　　设人字映射的斜率绝对值为 μ, 很容易把上述奇怪排斥子的分维通过 μ 表示出来. 我们运用自相似结构分维的求和公式 (7.27), 即

$$\sum_{j=1}^{K} \epsilon_j^{D_0} = 1,$$

设想初值均匀分布在单位线段中, 一个点落在小线段 1 左侧或右侧的概率, 比例于两侧线段的长度 ϵ_1 和 ϵ_2. 容易看出

$$\epsilon_1 = \epsilon_2 = \frac{1}{\mu}.$$

把这样的构造无穷次重复下去, 就只剩下我们要的奇怪排斥子. 因此, 由求和公式得到

$$D_0 = \frac{\ln 2}{\ln \mu}. \tag{8.10}$$

当斜率 $\mu = 3$ 时, 这就是由三等分单位线段得到的经典的康托尔集合.

　　如果在线段上撒 N 个初值点, 经过 n 次迭代后还剩下 N_n 个点没有逃逸. 一般说来, N_n 随 n 的增加而指数减少,

$$N_n = N \mathrm{e}^{-\alpha n}, \tag{8.11}$$

这样就定义了逃逸速率 α.

均匀分布在单位线段上的点, 只要落在上面 ϵ_1 和 ϵ_2 标志的两侧, 就会在下一次迭代时存活下来. 因此, 一次迭代中的存活概率是

$$p = \frac{2}{\mu}.$$

经过 n 次迭代仍然没有逃逸的概率是

$$p^n = \left(\frac{2}{\mu}\right)^n = \frac{N_n}{N} = \mathrm{e}^{-\alpha n}.$$

由此算出逃逸速率

$$\alpha = -\ln\left(\frac{2}{\mu}\right) = \ln\mu - \ln 2. \tag{8.12}$$

注意 $\ln\mu$ 是人字映射的李雅普诺夫指数 λ(见 (7.13) 式). 于是用 (8.11) 式得到

$$\alpha = \lambda(1 - D_0). \tag{8.13}$$

更一般的考虑表明, 把上式中的分维 D_0 换成信息维 D_1, 就得到逃逸速率、李雅普诺夫指数和信息维之间的普遍关系[93]

$$\alpha = \lambda(1 - D_1). \tag{8.14}$$

如果把图 8.3 中的人字映射换成冒出单位方区之外的抛物线, 上面的发散映射和奇怪排斥子图像仍然成立, 只是不能用如此简单的算术来计算逃逸速率 α. 这时可以用数值计算来求得 N_n, 然后根据 (8.12) 式得出 α.

另一种计算逃逸速率的方法, 是解皮隆–佛洛本纽斯方程 (6.11). 如果直接使用迭代过程 (6.12), 则由于存在逃逸, 不论从什么初始分布出发, 都会得到处处为零的分布. 然而, 我们可以在迭代时加一个补偿损失的校正因子:

$$\rho_n(y) = \mathrm{e}^{\alpha} \sum_{\{x_i = f^{-1}(y)\}} \frac{\rho_{n-1}(x_i)}{|f'(x_i)|}. \tag{8.15}$$

调整 α 的数值, 使 $\rho(x)$ 收敛到稳定的非零分布. 这样定出的 α, 就是逃逸速率[94].

奇怪排斥子、吸引域边界和逃逸问题在高维系统中才更为丰富多彩, 本节只是用一维映射的简单实例介绍了一些最基本的概念和关系.

§8.4 过渡混沌

现在回到周期 3 窗口. 我们在 §7.6 末尾提到, 这里拓扑熵是正的, 因而存在着某种混沌行为. 除了在切分岔处与稳定轨道同时诞生的不稳定周期 3 轨道的点

以外, 其他所有的点都被吸引到稳定的周期 3. 然而, 如果在吸引域边界附近仔细挑选初值, 也会遇到相当长的与真正的混沌行为极难区分的过渡行为. 图 8.4 给出一条包含过渡混沌的轨道实例.

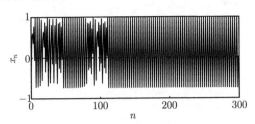

图 8.4　一条包含过渡混沌的周期 3 轨道

这条轨道的参量取在周期 3 窗口已经开始之后的 $\mu = 1.75001$ 处, 初值是 $x_0 = 0.940589$. 它的前 100 多次迭代看起来还很 "混沌". 如果精心挑选初值来试算, 还可以得到更长的过渡混沌轨道. 此图可以与阵发混沌的轨道图 4.3 相对照. 图 4.3 显然表现出比图 8.4 更多的规整行为, 然而那里的阵发混沌是定常态行为, 无论等待多久都会是 "湍流" 和 "层流" 相间, 平均 "层流" 时间相当稳定. 图 8.4 所示的是过渡过程, 经过更长的迭代以后, 它就趋近简单的稳定周期 3 轨道. 应当指出, 过渡混沌的长短对初值极为敏感. 读者如果使用与本书作者不同的计算机和程序, 即使采用上面给出的参量和初值, 也不一定能得到同样的轨道行为.

从足够长的过渡混沌数据中, 同样可以估算出维数、熵和李雅普诺夫指数这些刻画混沌吸引子的特征量. 如果对过渡过程没有认识, 就会得出不确切的结论. 有兴趣的读者可以参看关于过渡混沌的专门综述 (如文献 [95]).

＊　　＊　　＊

我们从简单的非线性映射 —— 抛物线映射开始的讨论, 到此告一段落. 应当说, 抛物线映射本身的性质也还没有被完全、透彻地认识, 而这一切只是通向广阔的非线性科学王国的一扇门户. 我们愿与读者共勉, 继续为发展非线性科学和开拓它的应用领域而努力耕耘.

参 考 文 献

[1] Zhang S Y. Directions in Chaos: vol.5 Bibliography on Chaos. Singapore: World Scientific Publishing Co., 1991.

[2] Lorenz E N. J. Atmosph. Sci., 1963, 20: 130.

[3] Tomita K, Kai T. Phys. Lett., 1978, 66A: 91; Progr. Theor. Phys., 1979, 61: 54.

[4] Hao B L, Liu J X, Zheng W M. Phys. Rev. E, 1998, 57: 5388.

[5] Liu J X, Zheng W M, Hao B L, Chaos, Solitons & Fractals, 1996, 7: 1427.

[6] 郑伟谋，郝柏林. 实用符号动力学. 上海：上海科技教育出版社，1994.

[7] Hao B L, Zheng W M. Applied Symbolic Dynamics and Chaos, Singapore: World Scientific Publishing Co., 1998.

[8] 黄永念. 中国科学：A 辑，1986, 29: 1302.

[9] Myrberg P J. Ann. Acad. Sci. Fenn. A, 1958, 256: 1; Ann. Acad. Sci. Fenn. A, 1958, 259: 1; Acad. Sci. Fenn. A, 1959, 268: 1; Acad. Sci. Fenn. A, 1963, 336: 1; J. Math. Pure et Appl., 1962, 41: 339.

[10] Feigenbaum M J. J. Stat. Phys., 1978, 19: 25; J. Stat. Phys., 1979, 21: 669.

[11] Christiansen F, Cvitanovich P, Pugh H H. J. Phys. A, 1990, 28: L713.

[12] Zeng W Z, Hao B L, Wang G R, Chen S G. Commun. Theor. Phys., 1984, 8: 283.

[13] Jensen R, Myers C R. Phys. Rev. A, 1985, 32: 1222. Edison J, Flynn S, Holm C, Weeks D, Fox R F. Phys. Rev. A, 1986, 33: 2809.

[14] 郑伟谋，郝柏林. 非线性动力学杂志，1995, 2: 1.

[15] Zheng W M. Int. J. Mod. Phys. B, 1989, 3: 1183.

[16] Zheng W M. J. Phys. A, 1989, 22: 3307.

[17] Derrida B, Gervois A, Pomeau Y. Ann. Inst. H. Poincaré, 1978, 29A: 305.

[18] Metropolis N, Stein M L, Stein P R. J. Combin. Theory A, 1973, 15: 25.

[19] Guckenheimer P. Invent. Math., 1977, 39: 165.

[20] Hao B L. Elementary Symbolic Dynamics and Chaos in Dissipative Systems. Singapore: World Scientific Publishing Co., 1989. 经出版社同意，此书已放在作者的个人网页 (http://www.itp.ac.cn/~hao/) 上，可以自由下载.

[21] Keolian R, Putterman S J, Turkevich L A, Rudnick I, Rudnick J. Phys. Rev. Lett., 1981, 47: 1133.

[22] 郑伟谋，郝柏林. 物理学进展，1990, 10: 316.

[23] Collet P, Eckmann P J. Iterated Maps on the Internal as Dynamical Systems. Birkhäuser, 1980.

[24] Singer D. SIAM J. Appl. Math., 1978, 35: 260.

[25] Hao B L, Zheng W M. Int. J. Mod. Phys. B, 1989, 3: 1183.

[26] Devaney R L. An Introduction to Chaotic Dynamical Systems. Benjamin/Cummings, 1986.

[27] Landford O E III. Bull. AMS, 1982, 6: 427.

[28] Eckmann J P, Wittwer P. J. Stat. Phys., 1987, 46: 455.

[29] Crutchfield J P, Nauenberg M, Rudnik J. Phys. Rev. Lett., 1981, 46: 933.

[30] Feingold M, Gonzalez D L, Magnasco M O, Piro O. Phys. Lett., 1991, 156A: 272.

[31] Manneville P, Pomeau Y. Phys. Lett., 1979, 75A: 1.

[32] Pomeau Y, Manneville P. Commun. Math. Phys., 1980, 74: 189.

[33] 王光瑞, 陈式刚, 郝柏林. 物理学报, 1983, 32: 1139.

[34] Li J N, Hao B L. Commun. Theor. Phys., 1989, 11: 265.

[35] 于渌, 郝柏林, 陈晓松. 边缘奇迹: 相变和临界现象. 北京: 科学出版社, 2005.

[36] 郝柏林, 于渌, 等. 统计物理学进展. 北京: 科学出版社, 1981.

[37] Hu B, Rudnick J. Phys. Rev. Lett., 1982, 48: 1645; Phys. Rev. A, 1982, 26: 3035.

[38] 王光瑞, 陈式刚. 物理学报, 1986, 35: 58.

[39] Zeng W Z, Hao B L. Chinese Phys. Lett., 1986, 3: 285.

[40] Sharkovskii A N. Ukrainian J. Math., 1964, 16: 61.(俄文)

[41] Stefan P. Commun. Math. Phys., 1977, 54: 237.

[42] Li T Y, Yorke J A. Am. Math. Monthly, 1975, 82: 985.

[43] Zeng W Z. Chinese Phys. Lett., 1985, 2: 429.

[44] Zeng W Z, Glass L. Physica, 1989, 40D: 218.

[45] Hao B L. Chaos II. Singapore: World Scientific Publishing Co., 1990.

[46] Fine N J. Illinoise J. Math., 1958, 2: 285.

[47] Gilbert E N, Riordan J. Illinoise J. Math., 1961, 5: 657.

[48] Gumowski I, Mira C. Dynamique Chaotique, Cepadues Edition, 1980, 103.

[49] Yorke J A, Alligood K T. Commun. Math. Phys., 1985, 101: 805.

[50] Hao B L, Zeng W Z. in The XV Int. Colloquium on Group Theoretical Methods in Physics, ed. by R. Gilmore. Singapore: World Scientific Publishing Co., 1987.

[51] Xie F G, Hao B L. Physica A, 1994, 202: 237.

[52] Pina E. Phys. Rev. A, 1984, 30: 2131.

[53] Zeng W Z. Commun. Theor. Phys., 1987, 8: 273.

[54] 黄永念. 数学进展, 1994, 23: 536.

[55] Xie F G, Hao B L. Commun. Theor. Phys., 1995, 23: 175.

[56] 姜伯驹. 绳圈的数学. 大连: 大连理工大学出版社, 2011.

[57] Kauffman L H. Knots and Physics. Singapore: World Scientific Publishing Co., 1991.

[58] Wu F Y. Rev. Mod. Phys., 1992, 64: 1099.

[59] Birman J S, Williams R F. Topology, 1983, 22: 47.

[60] McCallum J W L, Gilmore R. Int. J. Bifur. & Chaos, 1993, 3: 685.

[61] Ulam S M, von Neumann J. Bull. AMS, 1947, 53: 1120.

[62] Thompson J M T, Stewart H B. Nonlinear Dynamics and Chaos: Geometrical Methods for Engineers and Scientists. Wiley, 1986.

[63] Block L. Proc. AMS, 1978, 72: 576.

[64] Misiurewicz M. Bull. Acad. Pol. Ser. Sci. Math., 1979, 27: 167.

[65] Grebogi C, Ott E, Yorke J A. Phys. Rev. Lett., 1982, 48: 1507; Physica, 1983, 7D: 181.

[66] Grebogi C, Ott E, Yorke J A. Phys. Rev. A, 1987, 36: 5365.

[67] Sommerer J C, Ott E, Grebogi C. Phys. Rev. A, 1991, 43: 1754.

[68] Sommerer J C, Ditto W L, Grebogi C, Ott E, Spano M L. Phys. Rev. Lett., 1991, 66: 1947.

[69] Jakobson M V. Commun. Math. Phys., 1981, 81: 39.

[70] Benedicks M, Carleson L. Ann. Math., 1991, 133: 73.

[71] 蒋伯诚，周振中，常顺谦，等. 计算物理中的谱方法：FFT 及其应用. 长沙：湖南科学技术出版社，1989.

[72] Oseledec V I. Trans. Moscow Math. Soc., 1968, 19: 197.

[73] Shraiman B, Wayne C E, Martin P C. Phys. Rev. Lett., 1981, 46: 935.

[74] Halsey T C, Jensen M H, Kadanoff L P, Procaccial, Shraiman B I. Phys. Rev. A, 1986, 33: 1141.

[75] Zeng W Z, Hao B L. Commun. Theor. Phys., 1987, 8: 295.

[76] Kaplan J L, Yorke J A. Lecture Notes in Math., 1979, 730: 204.

[77] 王友琴，陈式刚. 物理学报, 1984, 33: 341.

[78] Grassberger P J. Stat. Phys., 1981, 26: 173.

[79] Cao K F, Lin R L, Peng S L. Phys. Lett., 1989, 136A: 213.

[80] Hu G, Hao B L. Commun. Theor. Phys., 1983, 2: 1473.

[81] Ott E, Withers W D, Yorke J A. J. Stat. Phys., 1984, 36: 687.

[82] 杨维明. 博士论文. 中国科学院理论物理研究所，1991.

[83] Ruelle D. Bol. Soc. Bras. Mat., 1978, 9: 83.

[84] Pesin Y B. Math. USSR Isv., 1976, 10: 1261.

[85] Crutchfield J P, Packard N H. Int. J. Theor. Phys., 1982, 21: 433.

[86] Hao B L. Physica, 1991, 51D: 161.

[87] Xie H M. Gramamtical Complexity and One-Dimensional Dynamical Systems. Singapore: World Scientific Publishing Co., 1996.

[88] Xie H M. Nonlinearity, 1993, 6: 997.

[89] Wang Y. A Study of Grammatical Complexity of Non-Regular Unimodal Language (PhD Thesis). Suzhou University, 1997.

[90] Hao B L, Xie H M. Factorizable Language: From Dynamics to Bology//Heinz Georg Schuster. Reviews of Nonlinear Science and Complexity, vol.1. Weinheim: Wiley-VCH,

2008: 147.
[91] Hao B L. Phys. Lett., 1981, 86A: 287.
[92] Wiesenfeld K. Phys. Rev. A, 1985, 32: 1744; J. Stat. Phys., 1985, 38: 1071.
[93] Kantz H, Grassberger P. Physica, 1985, 17D: 75.
[94] Tél T. Phys. Rev. A, 1987, 36: 1502.
[95] Tél T. Transient Chaos//Hao B L. Experimental Study and Characterization of Chaos, vol. 3 in Directions in Chaos. Singapore: World Scientific Publishing Co., 1990: 149.